大牟羅 良著

ものいわぬ農民

岩波新書

301

まえがき

「ものいわぬ農民」と言われ、改まった集会の席上や、いわゆるおえら方、背広族などと言われる人々にはものをいわぬ農民――その農民も、常にものいわぬ農民ではなく、いろり端では巧まず飾らずに、自分たちの言葉で自分たちの生活をいきいきと語っていました。農民のよろこびや悲しみ、なげき、それは一体何であるか、それがもっとも正しく素直に顔を出しているのがいろり端だと言ってよいでしょう。だのに、そのいろり話に誰が耳を傾け、誰が活字にしてとり上げてきたでしょうか。そういう不満が私にこの本を書かせた動機でした。

沖縄戦線から復員してきた私が、満洲から引揚げてきた妻子と、郷里盛岡で再会できたのは昭和二十一年のくれでした。それから四ヵ年、私にはくらしに追われるままに、古着行商人として農村を歩きまわる日々がつづきました。そういう生活の中で私が、農家のいろり端で村人の声に耳を傾けたのは、おそらく万の数を下るまいと思います。

その後、私は『岩手の保健』の編集者になり、保健問題――その根っこは生活そのものにある、そして生活の本音はいろり話にこそあらわれている、ということから、村人のいろり話を活字にしてきました。こうしての七ヵ年、そのとり上げてきたいろり話が村人の共感を呼んでか、数多くの人たち――その殆どが無名の青年婦人たち――から、藁半紙にエンピツ書きのいろり話がつぎつぎとよせられてきました。

この著書は、私の行商四ヵ年の体験と、編集者生活七ヵ年によせられたいろり話を元にして出来たものです。ですから、私の著書というより、むしろ村人との共著だといっていいものです。

今まで、いろり話――農民の本音――が、その場限りで消え去っていたため、あの家この家で同じようないろり話が交わされていたのに、そこにお互いの共感が生まれて来なかった。ましてや都会の人に対しては農民の本音が伝わっていなかった。これが農民と農民のつながりを弱いものにし、都会の人との心の交流をとざしていた原因ではなかったか? また農民が、時代から政治から置きざりにされがちだった一因ではなかったか、と私は思うのです。

いろり話が広く交流されることによってお互いに共感が生まれ、いろり端以外でも本音を吐く雰囲気が醸成され、やがて「ものいわぬ農民」にも、ものいえる日が訪れるのではあるまいか。そしてまた、働く都会の人を含めて、いわゆる庶民といわれる人々の間に、共感が生まれ、そこから協力も芽生えてくるのではあるまいか。この本はこんなことを期待し、念じながら書いたものです。

なお、この本が生まれるについては、終始しりごみがちだった私を激励して下さった東京大学教授飯塚浩二先生、新書編集部の岩崎勝海さんの力に負うところが多く、また写真は東京大学東洋文化研究所員である花村芳樹さん、高木宏夫さんが提供して下さったもの、扉の挿絵は友人佐々木由三さん、カットは高原栄人さんの御協力をいただいたものです。厚くお礼申し上げます。

昭和三十三年二月

大牟羅　良

目　次

まえがき

日本のチベット

行商四ヵ年

ものいわぬ農民

生きている農村

日本のチベット

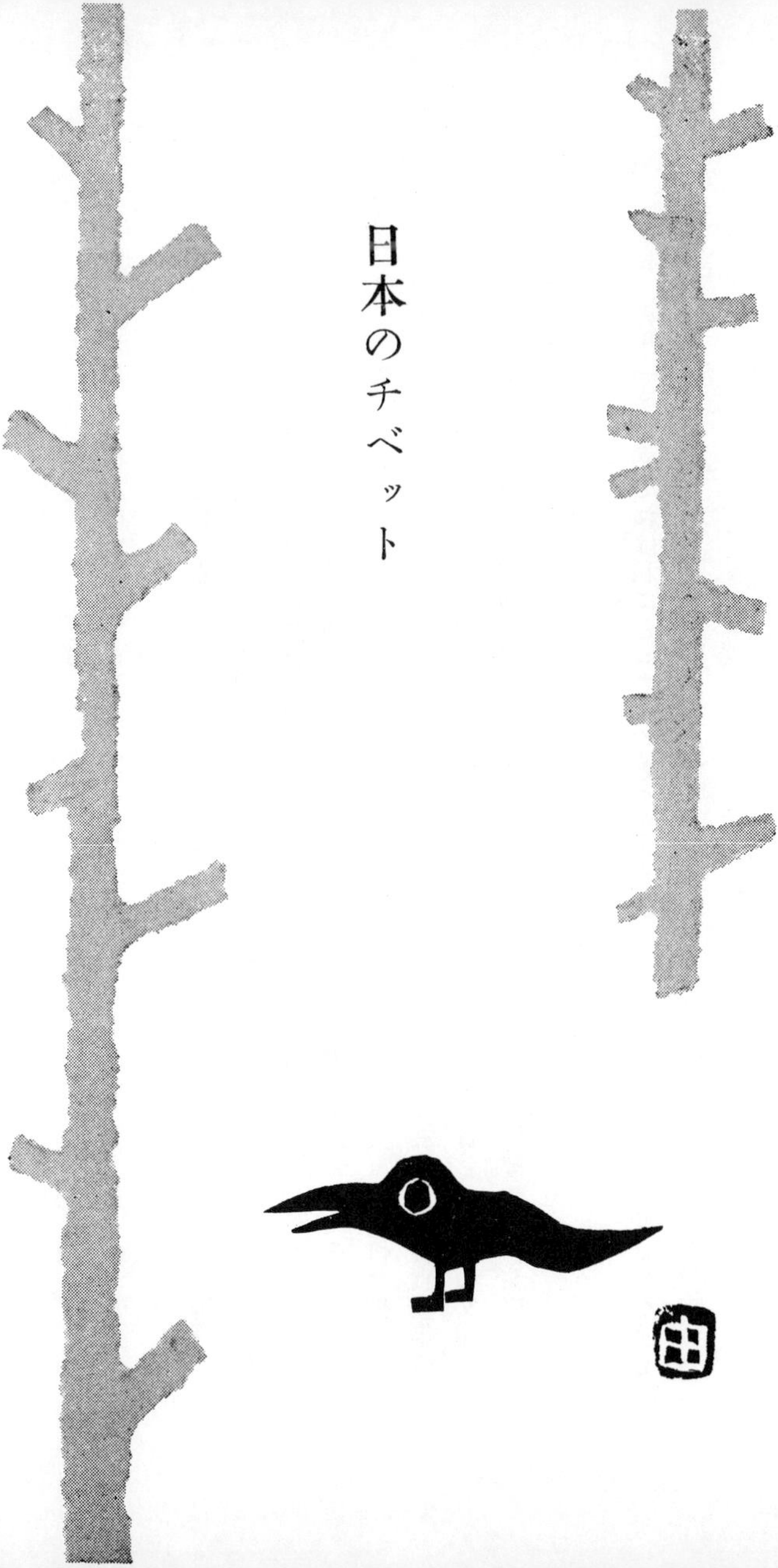

1　ふたたび岩手に

日本のチベットと言われる岩手県の、そのまたチベットと言われる県北――九戸郡の僻地に生まれた私は、二十九歳までの殆どを、僻地から僻地へと、転々としてくらしてきました。そこは北上山脈のどまん中、北上山脈は高原状の山地とは言え、北に行くほど、山は高く谷は深く、早池峯《はやちね》山（一九一三メートル）を初めとして、千メートルを越える山々がたくさんそびえています。そうした地帯に、山の子として育ち、山村教師となった私は、その大方を無灯地帯でおくり、二十九歳の秋、渡満、満洲に六ヵ年、その後兵隊として沖縄戦線に三ヵ年、終戦翌年のくれ、沖縄から再び郷里岩手に帰って来ました。それから十一ヵ年、私は貧しい一人の父親として、一家の生計を保つべく、開墾、古着行商、そして今、雑誌『岩手の保健』の編集者として働きつづけています。

復員後の十一ヵ年、それは私にとって全くあくせくと働きつづけてきた十一ヵ年でした。土曜日も日曜日も、また正月もお盆もゆっくり休んだ記憶がありません。復員当時一人の子（長女

―この子は妻と一緒に満洲から引揚げて来た)が、今は四人(長女―中学二年生、次女―小学三年生、長男―小学二年生、三女―四歳)となり、間借りの部屋(四畳半二室)にひしめき合いながら暮しています。

私は今、子供たちがようやく寝静まった部屋の片隅でこの原稿を書き始めています。思えば、復員後の十一ヵ年、それは開墾と行商にあけくれた四ヵ年、そして雑誌編集者として農民の声を活字にしてきた七ヵ年で、それはまたくらしに追われつづけての十一ヵ年でもありました。寝静まった子供たちの寝顔をみながら、私は人間《ひと》の子の父親として、私自身をふりかえってみるのです。子供たちと一日ゆっくり遊んでやったことがあっただろうか？ 遊んでやらないばかりか、くらしに追われてとかく不機嫌になり、はては子供を叱ったことはなかっただろうか……。こんなことを考えると、子供たちに詫びたい気持を持つのです。と同時に日々をくらしに追われる生活でさえなかったらと、自分の立場を弁護したい気持にもなるのです。

そんな私は、この十一ヵ年を農村と関連を持ちながら生き、そして歩んで来ました。そして、常々私の頭に去来するのは、農家の子供たちの姿です。子供たちのつづり方を見れば、「〃ただ今〃と家にかえったら、だれもいなかった」というのが、よく目につくのですが、野良仕事に追われる親たちとその子供、そしてその生活、それは他人《ひと》ごとならず思えるのです。と同時にまたそのような生活を余儀なくせしめる原因について、人間《ひと》の子の父親として、考えずに居られません。

では、私が何故そのように農村に関心を持つようになったか、それにはまず私の十一ヵ年の歩んだ道のあらましを記さねばなりませんが、これについて、昭和三十二年一月五日付の朝日新聞が極めて要領よく、まとめて紹介してくれていますので、それを転載していただくことにします。

2　復員後の十一ヵ年

「大牟羅さんにお会いして、『岩手の保健』の編集のことなどについてお尋ねしたい……」

と、朝日新聞（東京本社）学芸部の記者がこられたのは、昭和三十一年のくれ近い頃でした。記者の話によると、昭和三十二年正月早々から社会面に、〝日本人〟という標題で、日本人の持つ特性をいろいろの角度から分析して連載することになったが、その中で〝ものいわぬ農民〟をとり扱うことになっているが、そのものいわぬ農民に口を開かせている雑誌に、『岩手の保健』という雑誌がある……という形で『岩手の保健』をとり上げたい、というのでした。そんなわけで、記者に聞かれるままに、二時間ばかりお話したのでした。それが次のように、私の復員後の生活を伝えてくれています。

くちびる寒し

いわないと損なのに卑屈？　警戒？　口とざす農民

農民はなかなか口きかねえす。ハイ。とくに背広など着てるとりっコ（月給とり）にゃあ…

…ハイ。村長でも学校の先生でも同じごとす。尊敬と警戒、卑屈と服従、そんなものがまじった態度ですなァ。なんとか、口を開がせようとこの雑誌をやってるわげす……

雑誌とは『岩手の保健』一部五十円。一回だすと二万円の赤字になるそうだ。それでもがんばって最近四十六号をだした。部数は二千五百部。保健といってもおよそクスリ臭くない。農村の生活雑誌だ。

「胸の嘆きを語り合おう」と呼びかけ「彼らに語らしめよ」と農民の声を集め「読者よ！これをどう思う？」と問題を提出する。保健も結構だが、病気になっても「病気だ」ともいえぬ農民のかたい口を解きほぐすのが先だ。こういう趣旨の雑誌だが、編集者はひとり。岩手県盛岡の桜小路にある木造の編集室で、つたない農民の声を活字にしている、大牟羅良さんである。

*

大牟羅さんは沖縄のザンゴウの中で終戦を迎え、郷里の盛岡に帰ってきた。就職をすすめる人もいたが、安い給料なのでやめ、知人の紹介で近郊の山の中に開墾地を借りた。毎日山へ通って豆をまいたが、山バトがたべてしまう。むかし、谷間の小学校の教員をやっていたころ、わらぶきの校舎の屋根にユリが咲き、山バトのホロホロ鳴く声がたのしかった。

いまはそれがにくらしい。開墾をあきらめ、古着の行商人になった。へんぴな村々を歩いた。石川啄木が生れた玉山村にも行った。かにかくに渋民村は恋しかり……その渋民村も歩いた。時には足をのばして、三陸海岸の漁村も回った。

＊

四年つづいた行商で、彼は農民たちの生活に深く入りこんだ。よそ者には口もきかぬ農民たちも、フロシキをひろげる行商人にはいろんなことをしゃべった。破れ障子に大正時代の古新聞がハタハタ鳴っている農家をたずねたことがある。三月の終りだった。入学する子供に学童服がほしいという。千六百円。だが、お金がない。なんどか寄ってみたが金が出来なかった。六月になってわずかな畑の麦が黄色くなった。「悪いどもなア、畑の麦をぜんぶくれてやるから服《ふく》もらえんべか。服ねえど、ワラス(子ども)学校サいがねえんす…」母親が思いつめた表情でいった。大牟羅さんは洋服をワラスに着せた。麦のとり入れがすんでも彼はその家には行かなかった。

ヨメッコ(嫁)がひとり留守番していた農家に寄ったことがある。嫁はオドオドしながら腰巻を買った。そして「ゼニッコねえがら、これで頼む。ナ、ナ」と台所から米を持ちだした。嫁には一円の金も持たせないのだ。ゆっくりフロシキを結んでいると「早くけえってけろ。オヤズ(亭主)いまけえってくるがら。早く、早く……」と泣きそうな顔をした。五月の節句の日、渋民村を歩いたときのことだ。エジコ(赤ちゃんを入れるワラかご)で眠っている赤んぼの前に、白米のメシが置いてあった。のぞきこむと、赤んぼは死んでいた。前から熱があったのだが、忙しいので医者に行くのを節句休みまでのばした。その日母親は朝から盛岡に出た。医者は往診で留守、別の医者を探しているうちに、背中の赤んぼが冷たくなった……

役場まで埋葬許可証をとりにいった父親が、自転車で帰ってきた。酔っていた。家につくと、自転車を押し倒して泣いた。「百姓はじぇ、働がねぇば食えねぇじぇ。食うべぇと思えば、ワラス見られねぇ。見ないでれば、こっただ(こんな)ことになる……」倒れた自転車のうしろにトマトとキャベツの苗が泥だらけだった。

*

農民たちは、しがない行商人には嘆きを語っても、よそ者には口を閉じてしまう。なぜ黙っているのか。大声でみんなにものをいわないのか。いえば、かえって悪い結果になる、と思っているのだ。たしかにそんな場合はたくさんある。県北の山村、平船地区の青年、鳥居繁次郎君の場合もそうだった。

二十戸ばかりのこの地区には「ダンナ」が君臨している。ダンナは山の持主で、町議会の議員さんでもある。ほかの十九戸はみなナゴ(小作人)だ。ナゴたちはダンナからマキをもらうかわりに、毎年一戸のべ五十人の労役をやらされる。一日一人二百円の労賃として一年で一戸一万円。冬に使うマキを町で買えばそのくらいするから同じだ、ということだが、こっちが忙しいとき、きまってダンナから召集令がかかる。春、山のマキ切りに始まり、畑打ち、大麦小麦のとり入れ、草とり、旧盆が過ぎると牛や馬の干草作り、そば、雑穀のとり入れ、雪が降ると山からマキ運び……

思い余った鳥居青年は「山林の解放はできないのでしょうか。できなければ、せめてマキ代を現金で払うわけにはいかないでしょうか」と県の広報に投書した。県の回答は、山林の解放は法律が改正にならなければ不可能、労役はダンナとナゴのとり決めだから調べてみなければ分らない――ということだった。ところがこの投書が名前入り、地名入りで日本農業新聞の岩手版に転載された。ダンナは腹を立て、ナゴたちは仰天した。「そんたなことスンブンさ出してふでえ(ひどい)ごとするもんだ。あんなにえぐ(よく)してけるダンナに、もうすわけながんべぇ……」とナゴのカシラがどなりこんだ。

以来、青年の一家は山に一歩も足をふみ入れることができなくなった。村の常会にも顔だしできなくなった。青年はその土地を出て葛巻町役場の小使に住みこんだ。仕事の合間に定時制高校に通い、今は役場の書記補になったが、残されたアニヨメと娘だけは小さくなって地元で生活している。

「新聞を読むどセッゴケ(怠け者)だといい、意見をはくとセッゴケという。ものいえば、ふでえ(ひどい)しわざといわれるから、みんな黙ってる。ひとにしゃべることは反対のこどばかり。金持ってる人にきくと、生活が楽でねぇどいい、金ない家では、困んねぇというヨメとシュウトメはうまくいがねえ。だども、ひとにきがれると、ヨメッコは〝アッパ(母さん)はよぐしてくれる〟といい、シュウトメは〝オラほのヨメッコはえぐ(よく)かせぐ〟という。おれにはわがらねえス……」鳥居青年はいうのだ。

＊

行商生活を切り上げた大牟羅さんは『岩手の保健』の編集に打ちこむことになった。農民の生活を向上するには、彼らに生活というものを考えさせることだ。そのためにはまず、かたい口を開かせよう。「いうは一時の損、いわぬは一生の損」と叫んだ。「ものいえばクチビル寒し」とのたたかいは、これで六年目である。

フロシキに古着をつつんで歩いた村々を、彼はいま、原稿かかえて歩いている。途方にくれるほど深い雪の中である。

以上、朝日新聞が伝えてくれたような生活の中で、私は農村に関心を持つようになったのですが、前にもふれていたように、私はもともと山村生まれで、山村に育った身でもあり、いわば山村(農村)が私の魂のふるさとでもあり、特に心引かれるものがあったように思います。そこで、私をはぐくんでくれた環境や、生立ちについて少しくふれておきたいと思います。

3 私の育った環境

十二人兄弟の六番目、五男として生まれたのが私です。思えば父母は私たちを育てるにどんな苦労をしてきたことか……、父母は共に小学校の教師で、前記、岩手のチベットと言われる、北上山脈の山襞の僻地から僻地へ転々と転任させられながら、その生涯を終っていきました。私もその父母とともに、小学時代を六回も転校してようやく卒業した始末でした。友だちができかかる頃ともなれば父母の転任でそれがたちきれ、また見ず知らずの土地での生活が始まるといった具合で、ついに私は親しい友だちを作ることが出来ず、孤独な子供として育ち、それ

私の育った北上山脈の一山村風景

が現在にも尾を引いて無口な孤独な性格を形づくったような気がします。

貧しい父母の下に生まれた私たちは、苦しい子供時代を送って成長したはずですが、今ふりかえってみて、そのような記憶は思い出せません。それは私たちの転々として歩いた村々の生活が、更に貧しい人々によって営まれていたからかも知れません。また父母共に士族の出で、いわゆる士族のやせがまん根性から、くらしのことを子供たちの前で、口にしなかったからかも知れません。私の記憶に残っているのは、私の小学校三年生の頃(それは大正七年、米価が暴騰し米騒動の起った年のようです)、貧民のために外米の売出しがあり、それを母が私に「こっそり買って来いよ」と言い、夜更けになってやらされたことを覚えています。当時父の給料は十八円かで、給料の切換えがあって三十何円かになり、父が私たち兄弟を集めて、畳の上にその紙幣をならべて見せてくれました。それが子供心にも感銘を受けたのか、そのことだけは今もあざやかに思い出されるのです。

父が亡くなった後で、母から聞いたのでしたが、その年のくれの大晦日《おおみそか》の日記に、父は〝大《おお》七《しち》(大正七年)や生活難でくらしけり〟という俳句?を書いていたそうです。それを母からきいたのは私が結婚前で、笑って済ましたのでしたが、今四人の父親になってみて、その俳句ともつかぬ俳句を折につけ思い出すのです。しかも父母にとって、大正七年だけが生活難であったのでなく、その生涯が生活難の連続で終ったことを思うと、心からくやまれてなりません。

こういう父母の下で私たち十二人(長兄は生後まもなく死亡)、私をのぞき十名は中等学校も出して貰い全員無事に成長したのでしたが、姉は結婚後教師として僻地に赴任、そこでのお産で亡くなり、次兄と三兄それに妹が、結核で亡くなりました。せっかく苦しい中を育て上げた子供たちが、次々と亡くなった時の父母の嘆き、それはどんなものだったでしょうか。

父母もまた私たちも結核というものを憎みました、結核にさえ冒されなかったら……と。しかし、戦後、古着行商をして盛岡近在の農村を歩きまわり、その後今の仕事——保健問題を仕事とするようになった私は、どうしても生活と病気をむすびつけて考えざるを得なくなってきました。結核でたおれた兄弟たち——それは貧しい父母の下で結核に冒されるような弱い体に育っていたからではないかと……。亡くなった妹は父母が最も貧窮していた頃の生まれで、しかも生まれて一ヶ月たった時、父母に転任の発令があり、山を越え谷を渡っての十里を任地に赴いたのでした。その中の五里ほどは荷馬車がきく道でしたが、後の五里ほどは牛の背を借りての旅でした。その時、当時高等小学校をおえたばかりの三兄が赤ちゃんだった妹を背負って、十里の道を歩きつづけて赴任したことを思い出します。三兄は、父の任地には高等小学校がなかったので母の実家に頼み、そこから高等小学校に通って卒業したのでしたが、母の実家も貧しく、そんなことで三兄も妹も弱く育たざるを得なかったのでしょう。岩手県の玉山村から出た石川啄木が、〝わが病のその因るところ深く且つ遠きを思ふ。目をとぢて思ふ。〟と歌っているように、たしかに私の兄妹の死は、その因るところ深く且つ遠いものがあった……と思うのです。

4　山村教師

以上のような環境の中で育った私が、山の分校の教師（代用教員）となったのは、大正十五年、私の十七歳の秋でした。三陸海岸の宮古市（当時は宮古町）から、峠をいくつか越えての山奥の分校でした。分校は山の谷あいを通って流れてくる二つの谷川の合流点に建っていて、四年生まで合計二十名ばかりの子供たちが、あちこちの谷あいから登校してくるのでした。赴任して一週間ばかりを、まだ少年の私が分校の宿直室に寝泊りしましたが、見も知らぬ山の分校での生活の侘しさ、寂しさは身にしみとおる思いでした。秋の午後を、秋風が落葉をカラカラと子供の引けた校庭に舞い散らせ、それをひとり眺めねばならぬ私。私は耐え切れなくなって、部落長さんの家にお願いし、そこに泊めて貰うことにしました。この家に私の教え子に当る四年生の男の子がいて、小鳥が好きで、スピンスピンと四十雀《しじゅうから》の啼き声を上手に真似ながら、放課後ともなれば、小鳥籠に入れた四十雀をぶら下げて山に出かけ、それをおとりにして、よく四十雀を生捕ってくるものでした。心根のやさしい、にっこり笑った顔は、細い目がいっそう細くなり、何とも言えぬ人なつこい子供でした。戦後、私はその少年が大東亜戦争で戦死したことを知り暗然としました。いつの日にかぜひ会ってみたいと思っていた子でしたから。

ともかく、その頃の私は、この家で深夜おそくまでランプのかすかにともる音を耳にしながら、中学講義録を勉強したものでした。こうして三ヵ年、私の二十歳の三月、私が無資格者の故をもってクビになりました。代用教員三ヵ年、薄給(月給二十七円)の私には何の蓄えもありませんでしたが、父のすすめもあって上京したのが昭和四年の四月、東京物理学校の予科(入學資格高小卒、修業年限一ヵ年)に入学、修了することができました。予科を修了した私は、なお東京にとどまり勉強をつづけたいと願っていたのでしたが、父の発病で、それをあきらめ郷里に帰ることにしました。

郷里に帰った私は、再び北上山脈の山ふところで、渡満するまでの七ヵ年を教師として——特に分校づとめは長かったのですが、そこでの印象が、一番強く残っています。生徒は一年生から六年生までで三十余人、教師は私一人、校舎は南部富士と言われる岩手山の勇姿を遙かに望む高台にあり、その茅葺屋根の真上に、夏になると山百合の花が美しく咲くのでした。校舎はつっかい棒で余命を保っており、職員室は四畳半、障子戸がしめてある……といった校舎でした。しかし私は、この分校での四ヵ年を、至極まじめにつとめたつもりです。そのまじめといっても、今思えば、教科書をまじめに教えたというだけなのですが、当時(昭和八年―十一年)岩手は、昭和六年につづく昭和九年の大凶作で、農民の生活は極度に疲弊していた筈でした。それなのに当時の私は、村人のくらしについて特に関心を払わなかったようです。ましてや親たちのくらしが、子供たちの身の上にどのように影響してきているのか、考えても見なかったようです。ただ、今にして思い出すことは、欠席児童の督促にゆくと、その子供が子守をしながら、母親と稗畑の草とりをしていたり、弟妹を子守しながら、暗い屋内にしょんぼりと留守居したりしていたことです。登校する子供に欠食児童がふえてゆき、昼食をもってくる子も、全くの稗メシで、それを布袋に入れてくるのでした。実の入らなかったまま立枯れてしまった稲田に、例年より早く来た雪が積っていた侘しさ、これだけは今もあざやかに思い出されます。そんな環境下の村人のくらしを、私は何故関心を払わずに居られたか、今の私にはふしぎにさえ思えるのです。当時私は検定試験を受けて小学校本科正教員の免許状をとったのですが、その勉強にいそがしく、他を顧みられなかったことも一因のように思いますが、それよりも私の父母が士族の出で、「士《さむらい》の子どもは平民の子とはちがうんだ」といった教訓を受けて育ったこと、更に校長さん(といっても部下は私の母親一人だった)の息子として、友だちから特別扱いされがちに育ったこと、その上に、十七歳から教員となり、村人から〝先生さま〟などと呼ばれたことによって、浮き上ってしまい、村人を自分と同様の人間として考え得ないような人間に育っていたからだと思います。そんな人間でしたから、村人の声に耳を傾け、また現実になされている苦しい生活に目を注ぐなどということは、考えもしなかったのでしょう。

5　満洲国での六ヵ年

私が満洲に渡ったのは、昭和十三年、二十九歳の秋でした。何故満洲に渡ったかは別段深いわけもなかったようです。ただ当時兄が満人系小学校の指導官という名目で新京におり、その兄から、協和会中央本部につとめている友人が、協和会に採用してもいいと言っているから来ないか、月給は百円だ……とのことでした。その頃私の月給が四十何円かでしたから、多分その百円というのが魅力ではなかったかと思います。と同時に兄から送ってきた協和会のパンフレットに、関東軍司令官指示「満洲帝国協和会の根本精神」というのがあり、それはつぎのような意味のものでした。

一、満洲帝国の特質

満洲国の政治は、欧米的な民主主義的議会政治やまたプロレタリヤ専制の弊に陥らず、民族協和の正しい民意を反映する独創的な王道政治を実現するためである。

二、協和会設立の意義

協和会は満洲建国と共に生れ、国家機構として定めた団体で、建国精神を無窮に護持し、国民を訓練し、その理想を実現するための思想的、教化的、政治的実践組織体である。

三、満洲国政府と協和会との関係

建国精神の真髄は協和会の唯一絶対のものであり、建国精神の政治的発動は政府により、その思想的、教化的、政治的実践は協和会による。これによって民意の暢達を期さねばならない。

従って協和会は政府の従属機関でもなく、また対立機関でもない。政府の精神的母体である。政府は協和会精神の上に構成された機関であって、その官吏は協和会精神の熱烈な体得者たるべきものである。真の協和会員が政府に入り、または野にあって政治経済を指導し、思想を善導し、建国精神を以て全国民の動員を完成する時、王道政治の実現は期待されるものである。

私は、これを何度も読みかえしてみました。しかしよくわかりませんでした。ただ何か勇壮活潑に働けそうな魅力を感じたことは事実です。それにいつまでも僻地に埋もれたくない感じもあって、ともかく渡満したのでした。

私の勤め先は新京、協和会の中央本部青少年課でした。綿入外套などを着て不精ヒゲを生やした男どもが、しょっちゅう出入りする役所でした。課長をつかまえては「おいっ課長!」と大声でどなり、「あれはどうした」「これはどうした」「それではダメでないか」……などと言い、また腰かけにふんぞりかえって机に足を上げている者もあるといった状態で、私はいささかならず面くらってしまいました。全く変った新しい職場だし、懸命に働こうと思っていた私に、何日たっても仕事をくれません。課長にきいてみると、「二、三ヵ月は仕事をしなくてもいいから、協和会の雰囲気を見ながら、いろいろの資料を勉強してもらいたい」ということでした。そう言われても、私はどのような資料をどのように勉強すればよいのかも見当がつかず、ともかく所内に会議があれば、それを傍聴したり、現地工作員の会議など、しばしば旅館などで開かれたのですが、そんなのに顔を出してみました。お膳立の整わない会議で、いつ始まっていつおわったのか、何と何がどのようにきまったかもわかりかねるのでした。ともかくすごい激論があったりして、「まずメシだ。メシだ。メシ食ってからまたやろう」などと言う者が出て、メシを食ってまた始める、「今日だけでは結論が出なかった、明日またつづきをやろう」といったことになることもあり、こんな情景をみて三月ばかりした頃、課長が「大牟羅君、今度匪賊討伐の仕事が始まることになり、協和会も参加することになったので、行ってくれまいか」と言うのでした。討伐隊本部は吉林にあり、そこにその本部と連絡をとるための、協和会連絡部というのがあり、私がその連絡部員となったのでした。

行くことは承知したが、一体どんな仕事が待っているのか、さっぱり見当がつかぬままに、車窓から夕ぐれの村落を眺めながら吉林につき、連絡部を訪ねると、部長の蛸井(元義)さんという禅坊主みたいな、いがぐり頭の人がいて、「アンタは大牟羅さんですか」と奥の室に案内して、そこに貼ってある二間四方ぐらいの地図を竹竿で指しながら、匪賊の動向を知らせてくれました。討伐隊というのは日本軍が中心で、それに満洲国軍、警察、政府、協和会が一体になって仕事をすすめてゆくことになっていて、協和会は、討伐の趣旨の普及徹底や、匪賊の情報、またその出没地区の住民の動向を捕えるのが主なる役目でした。

さて、私が到着してまもなく討伐についての打合せ会議があり、私も末席の方できいていたわけですが、まず司令官の「……皇軍の威武を発揚し、凶悪なる匪賊を徹底的に殲滅し、楽土満洲国の建設に邁進せねばならない。諸士は本司令官の下、各々その部署を守り、連絡協調を密にし、一致団結以て所期の目的を達成せんことを望む……」と、漢文口調の訓示があり、次に満洲国軍、警察、政府と、それぞれの工作方針が語られ、最後に協和会連絡部長の蛸井さんは「協和会工作の狙いとするところは、手足のまっくろい住民に、満洲国と匪賊と、どっちが本当に住民のためになるのかを教えることだ……」、こんな意味のことを東北弁(蛸井さんは山形県出身)で話された。それは名調子の話つづきの後であったばかりに、如何にも田舎親父がまぎれこんで、おかどちがいの話をしたみたいに思われたのでした。一体話の内容そのものがおかしい、匪賊がわるいにきまっているではないか、なんとへんてこなことを言う人だろう、こんな人を頭にいただかねばならぬ私の不運を、嘆かずにいられませんでした。しかし私は、二、三ヵ月たつ中に、蛸井さんの言葉のもつ意味が次第にわかりかけてきました。匪賊と言えば、ヒゲもじゃの顔に、毛脛でも出して山谷を股にかけて飛びまわり、里に来ては婦女子をおかし、財宝をかすめ、いわゆる司令官の言う凶悪なる悪党ども——それが匪賊だ、私はそういう風に理解していたあやまりがわかってきたのです。そして、それがわかってゆくにつれて蛸井さんの語った言葉が如何に正しいものであったかを知り、同時にあの歯切れのよい司令官の勇ましい訓示、それは言葉としては勇ましいけれども、決して勇ましいものでないことを知りました。

連絡部での私の仕事は、各地に派遣してある協和会の工作員からよせられてくる通信や電話連絡、また現地から連絡に来た工作員からの情報を集め、その中の重要なものをまとめてガリ版刷にして、討伐司令部に報告するのが役目でした。私は、日夜そんな仕事をすすめながら、私が新聞や雑誌から得た匪賊の観念は如何にあやまちであったか、厳粛な皇軍とばかり思っていた日本軍が意外に住民から敬遠されていることなどを知りました。

工作員からの情報によると、匪賊は部落に出てきて民家に宿営させてもらう際、村人に対し「ここを貸していただくだけでも、露営するよりはありがたい……」と言い、室内に上らず土間に寝泊りし、御飯は一斗炊けばいいところを一斗三升なり一斗五升なりを炊き、余ったものは「食べのこりですまないが……」とその家に贈っていること、また豚なり鶏なりを譲って貰う際は、決して買いたたいたりすることなく時価で買いとっていること、しかもつながりを絶ち切らないためか、百円の豚を買いとった場合は「今金が足りないので」と九十円ぐらい支払い、次に来た時は、残金十円に若干の金を足して支払っていること、またしばしば各地に二、三名の工作員を出しては巧みな宣伝をしていること、その一例を上げれば、満洲国にもアルミ貨が見え出した頃でしたが、そのアルミ貨を掌にのせ「村の皆さん、満洲の過去において、こんな安っぽいお金が出たことがありましょうか？　何故こんなお金が出るようになったのでしょう？」と、まず村人に考えさせた後で、「これは、日本が戦争にあらゆる金属を使い果し、こうしたものでお金を作らざるを得なくなっているためではないでしょうか」こんなことを言いながら、掌のお金を息でふき飛ばしてみせ、「日本の国情はこのお金みたいに吹けば飛ぶような状態なのです。私たちの時代がくるのもあと少しのがんばりです」こんな風に住民を力づけているのでした。ですから、討伐隊から言うと〃匪賊〃と名づけられている人々は、住民からは〃山のお客さん〃と愛称され、信頼され、むしろ民族解放の英雄として見られていたようです。

ところで討伐軍が宿営となれば、村人が室を解放させられ、土間に寝なければならない。食糧の買い上げは公定値段だといって時価百円の豚が十何円といった形にされ、たまには婦女子がおかされることもある。こんなことから討伐隊が村に入ることを住民はひどくおそれていたようでした。ですから匪賊の情報が入ってこないばかりか、討伐隊の情報は匪賊にかなりくわしく住民によって伝えられていたようです。

協和会には、思想運動で学校を追われて渡満して来た人たちもおり、また左翼、右翼とりまぜて議論が沸騰するものでした。特に左翼系の人々は、とかく公式的な理論を先だてて蛸井さんと激論を闘わすものでした。そんなある日、蛸井さんは「村人のよろこびや悲しみ、なげき、それは一体何であるか、それを正しくつかみ、それに応えるために立てた方策、それ以上の方策はどこにあるか！　この地球上にそれ以上の方策があるか！」と言い、あの部落民はこう言っている、この部落民はああ言っていると具体例をいくつも上げ、「君のやり方では、一体これにどう応えるんだ！」と言うのでした。蛸井さんは、満洲建国に参画してきた人で、真に「民族協和」と言うことを考えており、そのために各民族の声を懸命に集めていました。蛸井さんのところには満人、蒙古人、朝鮮人などしょっちゅう出入していて、蛸井さんは、その人たちの言葉を大学ノートにメモしながらきいているものでした。また旅に出るときは必ず三等車のしかも満人たちの多く乗っている車にのって、そこで満人たちと雑談していました。銭湯も飲食店も床屋も満人の店に入り、こうしたところで交わされている言葉に耳を傾け、その中から拾い上げてきた言葉を問題に、よく話していました。しかも、その言葉というのは、かりに私たちが耳にしても殆ど気にもとめないような言葉でしたが、その言葉が何を意味するかの蛸井さんの話をきいてみて、自分のうつろに気づくと共に、そのような言葉に耳を傾ける必要性が身にしみるのでした。蛸井さんの立てた運動方針というものは、常にそういう言葉のつみ重ねの上に生まれてきていたようです。蛸井さんはある時こんなことも話していました、「日本の大学を出てきた人はダメだなァ、自分の学んで来たものを現実に合わせるのでなく、現実を学んだものに合わせようとする」。またこんなことがありました。「大牟羅さん、今日は支那料理のうまい所に案内しよう」と、さっさと出かけるのです。ちょうど晴天がつづいていた頃でした。途中までくると雨がポツポツとおちてきました。さて傘はなし困ったなと思っていると、蛸井さんは「あっ、雨だ、一雨一億両！」と言い、空を仰ぎながら「百姓はよろこぶなァ」とひとりごとのように言うのでした。この言葉はおそらく日頃農民の立場を考えつづけている蛸井さんの気持が、ふっと口を突いて出たに過ぎなかったのでしょう。しかし、私には重大なショックでした。「一雨一億両」この言葉に蛸井さんの全貌がうかがえる気がします。これに類する言葉が、日常の雑談の中にも、口をついて出てくるのでしたが、私は毎夜就寝前につける日記に、それらを克明に記しておいたのでしたが、すべて満洲で灰燼に帰してしまいました。しかし私は「一雨一億両」の言葉だけは永久に忘れないでしょう。腹にあることを腹にあるまま言えば、それはそのままで人の心を打つ人間、つまりすっ裸のままで美しい人間、そういう人間が、この世に実在していることを私が始めて知ったのでした。

連絡部を訪ねてくる人々は、不精ヒゲを生やした柄のよくない男どもが多く、常に所内は激論や談笑が交錯していました。激論の次の瞬間は談笑に変わるといった状態で、私にはなかなかなじめない雰囲気でした。しかし、それはお体裁を飾ったり、遠慮がちに言葉をにごしたりしなくてもいい雰囲気、つまりそこには発言の自由があったからでしょう。私も逐次そのような雰囲気になじみ、そして親しめるようになっていきました。

私はその頃、匪賊の出没地帯にも連絡のためしばしば出かけました。そこで私は私の目でいろいろのものを見、体験しました。匪賊の侵入を防ぐために、部落に防壁を作らせ、作戦行動を機動化するために道路を開鑿させられ、道路の両側三百メートルの樹木を伐採させられる。そのために住民は駆り出され、苦しい労働に耐えていました。

秋雨に土塀が濡れて泣き出したいような部落を訪れた日もありました。また、山間の小駅のある街で、さむさに凍る汽笛の音をききながら故郷を思った夜、……民家のオンドルに温まりながら洗面器で煮てくれたうどんを食べた日、……枯々の原野に放し飼いにされていた豚の群、……屋根にトウガラシがまっかに干してある家、……軒下にニンニクが幾連となく下っている家、どこにも、人々が住んでいて、それぞれの生活を送っていました。鴨緑江を距てた対岸は朝鮮になっている臨江の街、五月の雨がしとしとと降

っていました。日本と同じようにしめやかに……。私は故郷で病に臥している母に、話しかけるように手紙を認めた日も忘れることができません。駄馬にまたがって野草の咲きみだれる野道を奥地に向ったこともありました。通化省の奥地撫松——ここは朝鮮人参の産地、トラックで幾十里の山河を越えて、峠の上から盆地に開けた撫松の街を眺めた瞬間のおどろき、屋根瓦が秋日に銀の波のようにかがやいているのでした。

私はまた、吉林の街をよく歩きました。哀感をそそるようなメロディーの流れている満人街——そこには野菜や果物、食料品の屋台店が出て、人の波でにぎわっていました。ロシヤ店でレコードをききながら、蛸井さんに子供時代からの思い出話を聞かされたことも思い出します。家が破産し貧しいくらしにあえぎ、やがて上海の東亜同文書院に入るまでの話でした。

松花江の江岸の石畳の街路を、夕陽にきらめいて流れる流氷に、自然の悠久を思わされたことも忘れ難いことです。

以上のような体験が、人間の生活、また自分の生き方などどれほど考えさせてくれたかわかりません。

また連絡部での生活を通して、勇ましい演説は必ずしも勇ましいものではない。〝国のため〟などというのは、上の人に仕えることでなく、民衆の喜びや苦しみに応えることだ、また活字になっている文章と現実はちがうものだ、住民の声のつみ重ねの必要性、人間の美しさはお体裁をぬきにした裸の美しさにある、言論の自由の大事さ、私は当時仕事の多忙もあって殆ど本を手にしなかったのですが、私にとってこの期間ほど生甲斐もあり、多く教えられたこともなかったように思います。

連絡部に三年ばかりいて私は再び新京に帰ってきました。協和会には各種の民族がいっしょに仕事をしていました。太平洋戦争が始まって、内地から米の輸送がとだえた頃、満洲でとれた米は殆ど日本人だけに配給されていました。私の宿舎の寮の隣室に、崔君という朝鮮人の青年がいて、彼と私は親しく交際していました。彼はある晩「僕は大牟羅さんだから言うけれど、この頃の配給はどうです。日鮮一体とか言っていながら、僕たちには高粱の配給しかない。石鹸だって日本人に一個なのに、僕たちには半分しかくれないんです。僕は役所で昼食の時、弁当の蓋を開けて、自分のまっくろな高粱を目にするたび、本当に憤りがこみ上げてきて仕方がないんです……」、こう言う彼は優秀な青年でした。彼は毎晩おそくまで起きて何かやっているようでした。何をやっていたのか私にはわかりません。ただ深夜十二時頃「わあー」と大声で絶叫する声を私は何度も聞きました。何のために絶叫したのか、そのころ日本人でさえ、自由にはものが言えなくなりかけていた時代でしたから、ましてや彼には言わずにおられないような忿懣が欝積していて、その欝積が生理的欲求として爆発していたのではなかったかと思います。

彼、崔君が日本名〃野中一本《のなかかずもと》〃を名乗ったのもそのころです。当時、日本の政策で、朝鮮人に日本名を名のらせることが半強制的にすすめられていたようでした。おそらく朝鮮人の一人一人が複雑な感情に支配されながら、自分の使い馴れた名前を棄てたにちがいありません。彼は「大牟羅さん、僕は、日本名をつけたが、朝鮮人には変りがない、日本名をつけることによって、日本人からはニセ日本人みたいにみられ、朝鮮人からは、民族を忘れた異端者みたいにみられる、今の僕は曠野の中の一本木みたいに、どちらからもとりのこされたような寂しい気持がするんです」、野中一本君の改名の由来です。野中一本君よ、今どうしているか、私は彼に一度会ってみたいのです。

満人で馬《マア》君という青年がいました。私は彼と一杯のんだ時、石川啄木の〃こころよく　我にはたらく仕事あれ　それを仕遂げて死なむと思ふ〃の歌を紹介しました。彼はその時「こころよく、こころよく……僕の心境と同じです」、彼はこう言うなり泣き出してしまいました。

私は彼等を通じて、民族の心というものを考えるようになり、敗戦後いっそうその感を深くしています。

6　応召、沖縄戦線に

昭和十九年三月九日、私の三十四歳の時、召集令状がきてハルビン部隊に入隊しました。長女が生まれ、まだ誕生日も迎えていませんでした。家族の見送りは禁じられていたので、家の門口で妻子と別れ、夜の新京駅に急いだことを今も思い出します。こうして私は三十四歳で初年兵になったのです。友人たちが、私が応召する前「君はかなりなぐられるから眼鏡を三つぐらいもってゆかなければ」と、冗談まじりに注意してくれましたが、その注意が違わず、私は小隊の中で最もなぐられる兵隊の一人でした。何故なぐられたのか、それは私の父が多分に持っていた士族根性、そしてまた変に上の者に対する反抗意識のようなものがわざわいしていたように思います。もちろん私は古年兵たちに反抗したことはないし、軍務を忠実に守るべく努力もしました。しかし私には、他の若い兵隊たちがするように、古年兵の巻脚絆をとり、軍靴をみがき、衣類のせんたくを争ってやるようなことができませんでした。ああすればよいのだ、自分もやろう……と頭の中では考えるのですが、いざとなるとどうしても手が働かないのです。私はそのことを決していいことだとは思っていないのですが、現在の私にもその意識がのこっていることを悲しい性質だと思うのです。もちろんおべっかを使えるようになりたいのでなく、なんのわだかまりも感ぜずに対せる人間になりたいのです。

私は軍隊での軍規のきびしさ、訓練のはげしさは、それほどつらいとは思いませんでした。しかし古年兵たちとの私的な関係は、瞬時もいたたまれない気持でした。古年兵一人々々がそれぞれの目で凝視している中で、私がどのように行動したらよいのか、また古年兵たちの意志に応じて直ちに行動を起すべく待機していなければならない緊張感、そこには自分の意志で自分の行動を律してゆく余地が全く残されていなかったからです。人生の大方を孤独の中に生きて来て、それが習性の如くになっていた私には、その孤独の時間、つまり個人に与えられた時間――自由といってもよいでしょう――が全く与えられないということは、窒息するような苦しさでした。特に多くの古年兵たちの凝視にさらされていなければならぬ内務班の生活はことさらでした。

ハルビンで初年兵教育を済ました私たちに動員命令が出て、沖縄に向ったのは七月の初めでした。船室を二段にくぎった輸送船は坐っていても天井に頭がつかえ、その中にぎっしりとつまった私たちの体は、人いきれと初夏の暑さで軍衣が汗びっしょり。ようやくに辿りつき、よろける足で上陸の歩を印したのは沖縄列島の宮古島でした。

この島で私たちを待ちうけていたのが、飛行場づくりの突貫作業、それが終ると山腹の岩盤にいどむ洞窟掘り作業がくる日もくる日もつづき、輸送船がとだえたこの島の兵隊には、日々空腹の度合いが強まってゆきました。私のこの島での思い出は、空腹と憔悴した体にしみた労働のきびしさとです。こんな思い出があります。

それは沖縄本島に敵の猛攻がなされていた頃だったかと思います、宮古島にも敵前上陸がなされる公算大ということで、急遽ある山上にザンゴウ掘りが開始された時でした。夜間の突貫作業で体がつかれ、空腹が身にしみ耐え切れなくなった私は、作業小憩の時間を盗んで、おぼろな月光をたよりに小一里近いある部落に食糧をもとめに、よろける足で走りました。その途中で「兵隊さん！」と呼ぶ声にふみとどまると、道路端に茅葺の一軒家があって、その前庭に一人の爺さんが坐っていました。月がおぼろで私はこの爺さんに気づかなかったのです。爺さんは私の行先きを尋ねるので、これこれだと言うと、屋内に入っていってさつまいもで作った大きなダンゴをもってきてくれて「俺の息子も戦争に行っているけれど、今どうしていることやら」と、ひとりごとのように言い、じっと私をみつめていました。〃地獄で仏〃という言葉がありますが、私にはこの出来事が、どうしてもこの世の出来事のような気がしないのです。当時島の人々も食糧が欠乏していて、金を出しても容易には食糧が手に入らなかった頃でした。

これとは反対にこんな思い出があります。終戦の年の二月の頃だったかと思います。当時は私たちの小隊が、山の湿気の多い洞窟の中に暮していたのでした。夜の不寝番は、この洞窟の入口を守るのでした。その日、私は深夜の不寝番を終り、交替の戦友を起しに洞窟の奥深く入って行きました。石油カンテラがかすかにゆれるその中に、見いだした情景、よごれた軍衣のままで何十人となく横たわっている胴体、それがすべて死体のように！　瞬間私は、地獄に落ちたような錯覚に陥り、正に号泣の衝動に駆られたのでした。

そのころ他の部隊の重営倉の前を過《よ》ぎったことがあります。山腹に穴をほり松丸太を格子に組んだ牢獄でした。その中にとじこめられていた兵隊の目、その目は飢えた狼のように冷たく、そしてまた人をのろい、世をうらむような目、私はその目を今も忘れません。その兵隊は軍犬飼育係の兵隊で、軍犬の食糧を食べた罪によるものだとのことでした。松山に秋風が鳴っていました。

終戦――その時、私の体重はわずかに十貫八百匁(入隊当時十六貫)でした。私は戦地二ヵ年の体験で、空腹の体には、どんな精神訓話も役立たないこと、疲れた体には休息以外にないことを、全く平凡なことながら、私は自分自身の体で悟ったことです。

7　捕虜生活一ヵ年

終戦の翌年一月、私たちは宮古島から沖縄本島に送られました。〝国破れて山河あり〟と言いますが、私たちが宮古島に行く途中、立寄った当時のおもかげが殆ど残っていませんでした。ゆるいカーブを画いて延び切っているアスファルト道路、かつて緑の松林に覆われた山々は今は冬の雑木山のように、寒々と立枯れていました。道路にそった松並木も、今はその根を空中にはね上げて倒れていたり、あるいは立枯れのままで、中に、木うらにわずかに緑の芽をふき出しているのがあり、ひとしお哀れを感じさせるのでした。かつての部落跡らしく家屋の土台石が各所にみられ、人なき跡に蓖麻が徒長し、南瓜のつるが這いずって花をつけていたりしました。

捕虜生活約一ヵ年は、私にとってはめぐまれた一ヵ年であったかも知れません。作業に駆り出されても別段つかれるような作業ではなし、食生活も満足と言えるようなものでないにしても空腹を感ずるわけでなし、それに何よりも、沖縄上陸とともに軍の階級章がはぎとられ階級がものを言わなくなったことでした。こうなって裸の人間価値が価値を持つように変っていきました。そして自分の頭で自分の行動を決定し、自分の足どりで歩める自由がよみがえったのです。ここには、作業に出た者が、沖縄人から借りて来た本も若干あり、私はそれをいかにむさぼり読んだことでしょう。また自分の過去の生活を改めてふりかえってみるよい機会ともなりました。こうして一ヵ年、昭和二十一年十一月十七日、名古屋に上陸復員した私は、満洲から無事引揚げて来ていた妻子と郷里で再会することができ、やがて前記、朝日新聞の記事にある開墾、古着行商、そして現在つづけている雑誌の編集者となったのです。

以上、私の復員前に歩んだ道をくわしく書き過ぎた嫌いがあるようにも思いますが、しかし、いわゆるものいわぬ農民の声を活字にしている私の仕事の上に、過去の生活が決して無関係でないばかりか、大きく影響していると考え、記したわけです。

以下、農民のくらしとその声をお伝えするわけですが、その前に岩手のあらましを記しておきたいと思います。

8 岩手というところ

〝日本のチベット〟と言われる岩手県、それはこんな県です。

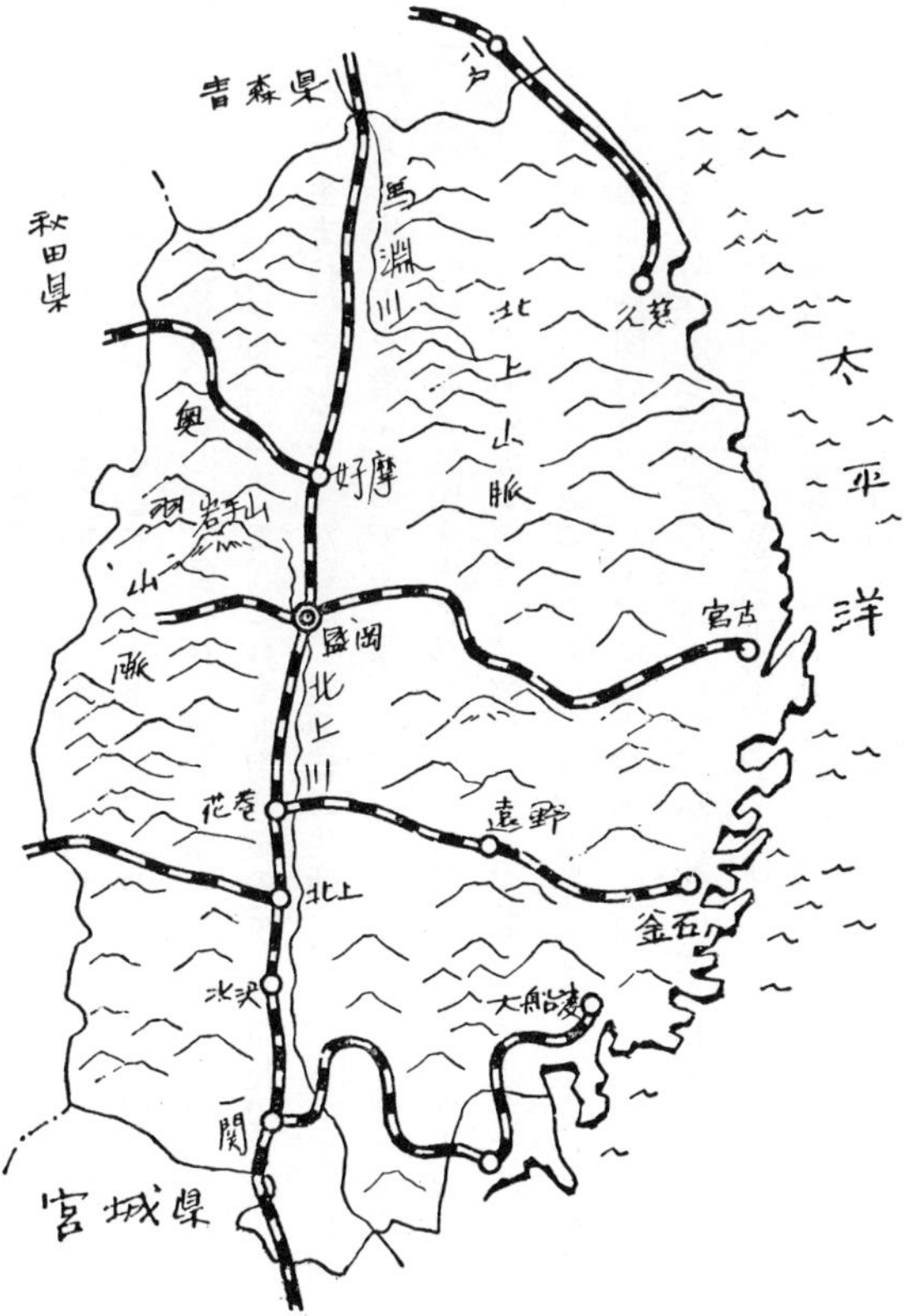
青森県
八戸
秋田県
馬淵川
北上山脈
久慈
太平洋
奥羽山脈
好摩
岩手山
盛岡
北上川
宮古
花巻
遠野
北上
釜石
水沢
大船渡
一関
宮城県

北海道をのぞき、全国第一の面積（一千方里―四国地方の面積に相当する―）で、県を二つの山脈、奥羽山脈、北上山脈が縦走し、その間を北に馬淵川、南に北上川が流れ、耕地面積は総面積のわずかに八％（全国平均一六％）、そして人々はあの谷、この谷に屯《たむ》ろして、細い煙を立てています。県民一人当りの所得は、貧しいと言われる東北六県の最下位、人口密度は一平方キロメートル当り九十四人（全国平均二四一人）で、これも北海道をのぞき最下位です。

山の子として生まれ、そして育った私は、幾変転の生活を経て、再び岩手に帰り、私同様僻地に育っている子供たちを考えるのです。県下一、一七三校中三九二校（三五・六％）が僻地校、分校二二二校中一〇七校が児童数四十人に満たない学校です。全校生九人以下の学校が十校もあるのです。このことは、あの山この谷に、数少い人々が散在して生きている部落の多いことを物語るものでしょう。こういうところから、長期欠席率全国第一位という数字も生まれて来たのでしょう。そして全国最下位グループに属する学童成績も……。

〝日本のチベット〟性として挙げられるもので、私たちの最も心を痛めさせられるものに、岩手の多産（全国第二位）多死（全国第一位）の事実があります。乳児死亡率全国平均（昭和二十九年）が出生千人に対し四四・七人、岩手県が七二・四人となっています。とくに県北は高く一二三・一人という村すらあります。こんな村は、小学校に入るまでに、生まれた子どもが半減しています。そんな村のおっ母さんたちが「あの子は生まれつきよわくてなス、あれぐれぇしか、命っコ貰って来ながったんべ」とさびしくあきらめ、その反面で「なじょにしても生きかえらねぇず（という）ごどがわかっても、面《つら》っコみればメンコクて、なんたって側から離したくなくて……」こう言って泣いているのです。こうして岩手の赤ちゃんたちが、その誕生日すら迎えずに、アッパ（母ちゃん）とも呼べぬ中に、あの紅い唇をとじて、山腹の墓地に永遠の眠りについています。

行商四ヵ年

1　山襞《やまひだ》の中に

昭和二十一年十一月十七日、沖縄から復員して来た私は、郷里盛岡に向って北上する列車に乗っていました。三年前の三月、妻子と、新京で別れたきり、その後は全く消息がとだえてしまっていました。終戦後の満洲は、暴徒のため多数の日本人が殺害された……と、風のたよりに聞いていました。列車が岩手県内に入り、見覚えの駅名が車窓に見え出すと、私は居たたまれぬ思いでした。今から何時間か後に、無事妻子が満洲から引揚げているか、あるいは既にこの世の者でなくなっているかがわかるにちがいない。

深夜の盛岡駅に下車した私は、まもなく妻子が間借りしている家を発見できました。一ト月ほど前引揚げてきたという妻子、部屋にはよごれたリックサック、みかん箱、それに真新しい鍋二つ、これだけが目につく全財産でした。「父さん、昭子(長女、当時数え年五歳)ね、あのリック背負って、ほんとによく歩いてくれましたよ」と妻が言う。新京からの引揚げの途中、あちこちの駅の広場などで仮寝の宿りをし、深夜たたきおこされてはまた乗車するといった形で、そうした際、昭子がむずかりもせずリックを背負って歩いてくれたというのです。私はその昭子の背負ってきたという、泥によごれたリック——それをみた瞬間、期するところがありました。こんな幼い子が、終戦のどさくさの中をよくぞ生き延びてきた。そしてまた妻の憔悴した姿がその苦難を物語っている。そしてわずかに生を保つことを得て復員した私、そうしてこのような哀れな状態で再会している。しかし、私たちは生きている。命の尊さ、命のいとおしさ、そのいとおしい命を守ってゆこう。私が〝期するところがあった〟というのは、そのことでした。間借りの障子をあけると、せまい縁側にうらなりの小さな南瓜が二つころがっていました。

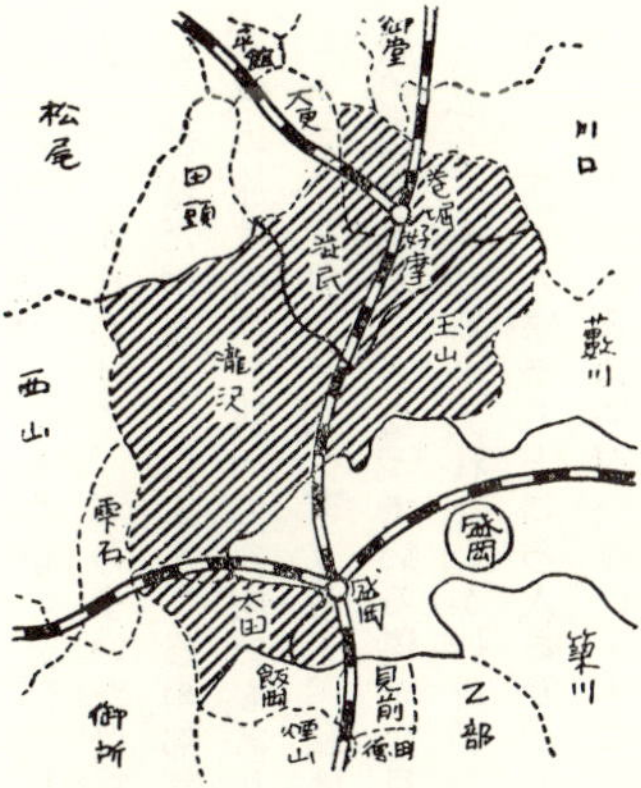

斜線の部分は筆者が行商して歩いた村々

私の行商生活はこうした状況下で、昭和二十二年一月から始められたのでした。私の歩いた農村は主として石川啄木の生まれたという岩手郡玉山村、また啄木が教員をしていたという渋民村でした。その他、その渋民に隣接している巻堀村、瀧沢村などにも、また盛岡市の近郊農村太田にも出かけたことがありました。しかし、私の足はどちらかというと、山村に向きがちでした。それは顔見知りに出会いたくないという気持と、また農村景気に湧き立っている都市の近郊農村に、貧しい者としての反撥があったからのような気がします。そんなわけで、私の歩いた農村は、あちらに二十戸、こちらに三十戸というような谷あいの部落だったり、山ふところの部落だったりで、水田が少く畑地の多い地帯でした。ですから私の旅は山路を辿っての旅でもありました。

　古着を背負って駅へ下りると、私は今日はどこへ足を向けようかと迷う。見はるかす北上山脈の山なみがつらなっている遙かに目をはせる。今日はあの山襞の中に入っていってみようかと思う。売れるか売れないか皆目見当がつかない――しかし道あるところ必ず人家に通じているのです。人家あるところ人あり、人あるところ、衣料の欠乏に喘いでいるのです。だとすれば何かは売れるにちがいない――こんなことで、行商のはじまりには、何の目当もなく奥地へ奥地へと行ったのです。

　草の芽がもえかけた野っ原の一本道をよぎり、坂道にかかる。そこを上り切って峠をこせば、眼下に耕地が小さく開けて、道路の左右に三戸、五戸と家がかたまって見え、山の岸によって数戸の家も見える――といった部落があるのです。峠を下って先ず最初の家から一軒々々、「コンニチハ」と声をかけて土間に入る、そして「古着要《い》らながんすか」ときく、見てくれる家もあるが、あっけなくことわられる家もある。見てくれる家は二軒に一軒ぐらいはシャツ一

点、腰巻一枚という風に買ってくれる。こうして暗くなると売上げの、そこばくの金をふところに夜道を駅に出て、汽車で帰宅する。もう九時十時という時間である。たまには十二時——深夜の街をわが家に辿りつく。そうして床に就いて、明日はどこへ行こうかと思う。新聞だけには目を通そうと思うが、疲れ切った体は見出しを見ただけでねむりこけてしまう。そうして翌朝が訪れる。今日は果して売れるだろうか？　どこへ足を向けようかと思う。考えてはみるものの見当がつかない。古着を背負って家を出るのが嫌になる。しかし生活の窮迫が私を家から押し出してしまう。一歩外に出れば、生活との闘いの意欲が湧いてくる。こうして終日歩きまわる。これが私の行商四ヵ年の日々でした。

行商四ヵ年、それは今思ってもつらかったなァと思うのです。とくに朝家を出るときの憂鬱な気持。しかし、私にそのつらさを耐えしのばせてくれたのは、生活の窮迫が私を家から追い出したことにもよるのですが、軍隊生活二年の体験で、自由を制約される生活の息苦しさを知り過ぎるほど知った私には、自由こそは何物にもかえがたいものに思われたからです。行商の旅、それはつらいながらも自分の足どりで、自分の意志で方向をきめられる自由があり、体が疲れればいつもより早くきり上げて帰宅し、体を横たえる自由もあったのです。

春もあたたかい陽ざしが身にしむ頃の昼下り、私は、やや軽くなりかけた風呂敷包みを背負って、渋民村の二つ森という丘の裾野――二つ森というのは、ふっくらと盛り上った草の丘なのですが――その裾野をよぎりながら、〝俺には自由がある、俺には自由があるんだ！〟と絶叫したいような衝動に駆られたことがありました。

軍隊時代の三ヵ年、その中で私がしみじみ空の青さ、草木のみどりに魅せられたことがたった一度、それは私の協和会時代の同僚、進《すすむ》一等兵が病気で野戦病院に入院していた時でした。当時私は脚気でむくんだ脚をもて余しながら働きつづけていた時です。ある日小隊長から呼ばれ「大牟羅、貴様進のところを見舞って来い、貴様に会いたいと言っていた」とのことで、私は一里ほど離れた野戦病院を訪ねていきました。たしか沖縄の一月末頃だったような気がします。こころよくしみる陽の光を背に感じながら、私はたった一人で、しかも私の足どりで歩むことの出来たその日の自由、その日の幸福を私は永久に忘れることはないでしょう。私は二つ森の裾野を歩きながら、ふっと私が沖縄のその道を辿っているような錯覚におそわれていたのに気付くと同時に、私の自由は一日だけではないんだ……と気付くと同時に〝俺には自由があるんだ〟と絶叫したい衝動に駆られたのでした。私の軍隊時代の体験が、自由の尊さを体を通じて教えてくれたような気がします。

しかし、私の行商生活にそういう自由はあったにしても、つらい旅であったことにかわりがありません。どこの家でもこころよく招じ入れてくれるわけでなくて、門前払いを喰わされることも多く、終日歩き疲れて、たった一点か二点しか売れぬ日もあり、往復の汽車賃にも不足するのでした。そんな日は、肩の荷物が殊更にも重く、またそんな日は、きまって天候の陰鬱な日でもありました。おそらくそのような日は、天候に支配される生活の農民であってみれば、何となく暗い気持になっていたのではないかと思います。ことに漁村の場合はこれが顕著で、暗雲が沖の彼方を流れ出している午後など、殆ど買い手がつかず、その反面、朝の陽がきらびやかに島かげから上り、晴れ渡った日など、背の荷物が空になるほどの売り上げがあるものでした。

私は最初の頃、どんな物が売れるのか皆目見当がつかず、いろいろのものを背負って出かけたものでした。しかしそれも次第に、これならたしかに売れる、というものがわかってきました。それは、労働着、学童もの、毛布、ふとん縞、それに木綿物の厚手の古着、こんなものなら大抵売れました。最初の頃、普段着になるような国民服とか、女物だと銘仙、学校前の子供服など持って歩いたのですがさっぱり売れませんでした。ところが意外に高価な、錦紗の羽織とか袷のようなもの、サージの背広といったものが売れるのでした。何故なのか？　一、二年している中に次第にわかるような気がして来ました。それは農家の生活に普段着を着てくつろぐ時間がないからではなかろうか？ということでした。野良から帰れば、夕食を食べて、そして丹前に着換える生活、つまり労働着と外出着があればこと足りる生活故ではなかろうか——ということでした。そう言えば、私には農村の夕ぐれ方、浴衣など着て口笛など吹きながら散歩している青年など、ついぞ見た記憶がないのです。漁村でよく見かけた海岸の岩に腰かけてマンドリンを弾いていた青年——そんなものはもちろん見られませんでした。そしてこの農村の衣類の売れ行きの中に、農村の人々の生き方が、象徴的にあらわれているような気がします。というのは農家生活には働く生活とつきあいのための改まった生活とがあり、その中間の日常生活を楽しむという生活が欠けている——それは日常生活を楽しむような余裕のないことを物語るものでしょうけれど、また反面求めようとする考え方の不足にもあるのではないか？　それは歴史的な農民政策が形作ったのかも知れませんが……。同様のことが食生活の場合にもあてはまる気がします。

ふとん縞が意外に売れたのも、来客用のためであり、入学前の子供ものが売れないのに学童ものがよく売れたのも、人並みなつきあいをといった気持のあらわれではないのか？　もちろん都会でも多かれ少かれ同じような傾向があるのでしょうけれど……。

なお一つ付け加えたいことは、働けなくなったような老人や、またヨメさんのものは売れない——つまり家族内における地位が売れ行きにもたしかにあらわれていたようです。

2　買ってくれる家、買ってくれぬ家

よく買ってくれる家はというと、(1)家族数が多い家、(2)くらしの豊かな家、(3)屋内が整然としている家、といったことが考えられそうですが、実はそれが全く反対で、(1)家族数が少く、(2)どちらかというと貧しそうな家、(3)屋内があまり整頓されていない家、こんな家が売れました。最初の中は、この珍現象は何故なのか、私には殆ど見当がつきませんでした。しかし次第にわかってきたことは次のようなことです。
(1)家族数が多いということ——家族数が多いというのは、大抵の場合、爺さん、婆さん、親父さん、おかみさん、息子夫婦、子供たちといった家です。あるいはそれに二、三男夫婦も含

まれていることもあります。ともかく一家の中に、三夫婦、四夫婦というように同居している場合が多いわけです。こんな家はなかなか売れませんでした。とくにその間柄がうまくいっていない家の場合は殊更でした。いろり端にひろげた古着をあれこれと見た末は結局は買わないという結果でした。複雑な家族関係が相牽制し合って、爺さんが自分の子供に買ってやりたいが、同じ年輩の孫もおる、二人に買わないとぐあいがわるい。長男の子に買えば、二男の子が不満を持つ……といった具合で、何か互いに耳うちしたり、小声でささやき合ったりして、結局は「次にお願いしあす」という結果になる場合が多いのでした。これはひとり古着を買う場合だけでなく、おそらくあらゆる生活の面で、この牽制のし合いがおこり、家族員の幸福がむしばまれているのではないでしょうか？　そして結局は、その離れ離れになる家族間を統制するため、家長の権力が強まってゆくのではないでしょうか？　これに反し、家族員の少い家は大抵夫婦に子供といった家ですから簡単に買ってくれたようです。

また大家族といっても、一夫婦に子供だけの場合は、明らかに複雑な大家族とはちがっていました。

(2)裕福な家が買わない――これは前とも関連するわけですが、農村で裕福な家というのは、おおむね耕地面積の多い家ですから、従ってたくさんの働き手を必要とするのでしょう。そこで二、三男を分家させず、妻帯させてもしばらく家に引きとめておくようでした。そして十ヵ年以上も働かせた上で、その働き具合に応じていくらかの土地を与えて分家させるといった形なので、結局複雑な家族が多かったようです。

なお、裕福な家で家族関係が単純な家でも意外に売れなかったのですが、そのような生活態度――つまり失費を極力おさえる――から裕福になったのかも知れませんし、あるいは行商人などからは買わずに、計画的に、町に出た時家族のものをまとめて買って来ていたようでもありました。

貧しそうな家が何故買うか。たとえば、こんなことがありました。村祭が迫ってきているのに、あるいは子供の入学日が後二、三日というのに、まだ買ってやれずにいた家、こんなことでせっぱつまって買う家もありました。くらしが困るだけに、買いに行くヒマがなかったり、ヒマがある時は金がなかったりで、何日か前に町に出て買ってくるということがむずかしいのでしょう。またある婆さんが「町に出るにゃ、バス賃もかかるし、出れば孫にもアメッコでも買って来ねぇばなんながべし、少しぐれぇ安いたって、結局ァ高ぐつぐもんなス」と言っていました。こんなところにも行商人から買うことになるような気がします。

(3)雑然とした家が買ってくれる——屋内の整然としている家というのは、つまりはヨメづとめのつらい家が多いようでした。学校の教室ぐらいもある広い板の間を、日に何回となくふき掃除をさせられているのがヨメさんなわけです。いわゆるしっかり者の姑さんのいる家だと言ってもいいかも知れません。こんな家は何かにつけ口喧しくて、売れないようでした。雑然とした家が売れる——と書きましたが、ちょっと言い過ぎかも知れません。適切な言葉で表現できないのですが、おおらかな感じ、ヨメさんも適当に自由ができ、子供たちも適当にあばれることをゆるされている——こんな家はまた、屋内も適当に? 雑然としていたように思います。

いろり端に古着をひろげると、家族の人たちが、そのまわりに集ってくる。そんな時農家の人たちは「見るのァただだんべ」「目の極楽だ」などと言いながら見てくれるのでした。私はつとめて、よけいなことを言わず、キセルにタバコをつめて吸いつけながら、その家の爺さんや親父さんを相手に作柄や世間話をしたものでした。その家の主婦や娘さんたちが、「この柄ァいいなァ」「この色具合、おらァ一番好きだ」などと言いながら……そんな時、品物に手をふれずに後の方で遠慮深く眺めているのはヨメさんでした。また二、三男らしい人もあまり口出しはしないようでした。漁村だと子供たちで「おれはこれほしい、父ちゃん買ってけろ！」などと、ずいぶん無理を言う子供たちがいるのですが、農村では「わがねぇってば(ダメだったら)」と言われればすぐひっこみ、「なに、おらァ、今日までにスルメを七百五十も釣ったってば……」などと言ってがんばる漁村のような子供はいませんでした。あれやこれやと品定めして、娘さんの袷一枚とか、羽織一枚を買う——といったことになるのですが、この柄がいい、この色具合を好きだ……などと言っていたものでなく買うのが常でした。「この色好きだども、赤すぎるって世間に笑われっぺしなや(笑われるでしょうしね)」というわけで、結局はその年齢層によって色具合や縞柄がきめられるようでした。つまり自分がこれを好きだから買うというのではなくて、世間の人がどう見るかというめやすで、買っているようでした。こんな選定条件で買う物がきまると、親父さんに伺いを立てる、すると親父さんは「いがべや(いいだろう)」ということになり、財布から金が出されるといったことになるのでした。しかし中には主婦ぎりで決定し、金も渡す家がありました。そんな家は必ずといってよいほど、親父さんが入りムコした家でした。

農家では漁村にくらべ、慎重に品定めしてから買う家が多かったのですが、例外がないわけでもありません。それはヤミ売りして金を儲けている家のようでした。その時思ったことですが、農家で金を使うのにつましいのは、その金が、真に汗を流しての労働から得た金だからではないのか。同額の金でも、それを得るために汗を流した度合いによって、その金から受ける感じがちがうのではなかろうかと思ったのです。

太田村で草履作りを日課にして暮していると いう爺さんが、孫にセーターを買ってやりたいと小一時間もいじくりまわしてみた末、つい買いかねたことがありました。この爺さんは朝目ざめてから夜寝るまで、ほとんど休みなく働き通しで、一日に作る草履は平均して八足、材料の藁は自分の家のものだから、金はかからぬとして、緒に細ぎれを綯《な》い交《ま》ぜるためと、爪先部とかかとの要部に布を少々入れるのとで、一足どうしても二円はかかる。これを個人売りすると十円に売れるが、そんなことに時間を費すとかえって損なので、商店に卸すと八円でないと引受けてくれない。すると一足六円の収益になる。八足で四十八円、これが爺さんが終日働きつづけての収益だとのことでした。そのセーターはたしか三百八十円だったと記憶していますが、すると爺さんが朝から晩まで働き通しの八日分の収入なわけです。爺さんが買い兼ねた気持――それは私にもよくわかるような気がしました。

3　農家のヨメさんとムコさんのこと

私は前に、古着をひろげても、ヨメさんは後の方で遠慮深そうに眺めていただけだと書きましたが、従ってヨメさん自身で何か買うということは殆どありませんでした。そこでヨメさんを相手に、すすめても無意味なことがわかって来ました。ある家を訪ねて、そこに同じぐらいの年輩の婦人が二人いる、片方はヨメさんで、片方はそこの娘さんだという場合、娘さんの方にすすめなければ意味がないわけです。そんな必要感から、いつの間にか、ヨメさんと娘さんの見分けがつくようになりました。

(1)第一に手を見ることとです。ヒビわれしたりしてよごれているのはヨメさんである。(2)いろり端に坐っている場合に、一番下座の人はヨメさんである。(3)二人とも離ればなれのところにいて手も見えない。一方は馬飼いをしている。一方はコタツに当って毛糸あみをしている。この場合に馬飼いしている方がヨメさんである。(4)衣類でもわかる。一方は袖無し(綿入羽織から袖をとったようなもの)の背中から綿がはみ出ている。一方はしっかりしたものを着ている。この際は綿のはみ出たのはヨメさんである。(5)たまたまその家に来客でもあってお辞儀

や挨拶のし具合を見てみればわかる。鄭重な方はヨメさんである。以上で判別すると百パーセント誤りがないようでした。ヨメさんの立場は、同じ屋根の下に居りながらも、これほどまでにもちがうのかなァ……と思わずにいられませんでした。

右のような立場にある関係なのか、「今日ァ、メシなんぼ(いくら)炊ぐべぇ」「みそっコなんぼ入れんべぇ」と伺いを立て、また「この魚、なじょに焼くべぇ」と言うのに「串にさして焼けばいいんだ」と姑さんの答えているのを耳にしたこともあります。

私は行商の初め頃、「コンニチハ」と訪ねると、女の人が出てきて「誰もいながんす」とことわられることがしばしばでした。〝誰もいない〟と言っても、そう言う御本人がいるのではないか……とふしぎに思ったものでした。後でわかって来たのですが、「誰もいながんす」と言うのは、ヨメさんの立場にある人でした。なるほど、そうとわかってみれば、その言葉は、ヨメさんの立場をまことによく象徴している言葉のように思わずにいられませんでした。〝誰もいなですというのは、その言葉の上に、「物事を決定できる人は」を補えば、まことによくわかるのです。つまりヨメさんの立場は、そういう立場にあるようでした。

しかし、婆さんたちはよくこんな話をしていました。「なんたって、今の嫁ゴは楽でがんすべ、おらど(自分たち)嫁ゴのころは、朝《あさま》くれぇ中に、朝草刈に行ったものす、ふとんがら出た時ァ、乳《ちち》コ張っていでも、草っコしょって家《え》っコさけえってみれば、乳コは紙のふくろっコみてえにへなへなになって、さっぱり乳コ出ねえのす」と言い、今の嫁ゴは自分たちの頃のように朝草刈はなくなったし、朝起きもおそくなり比較にならぬほど楽になった。大体今の嫁ゴはわがままになった、自分たちの頃は、嫁ゴというものが、こういうものだと思って、どんなつらいことにも耐えてきた……というのでした。

私は、行商の旅でヨメさんたちと話しあったことが殆どありません。ヨメさんには行商人と話し合う暇も、また暇があったにしても自由がないからでしょう。しかしこんなことがありました。赤ちゃんをだっこしている若いヨメさんで、馬鹿にはしゃぎながら朗かに相手になってくれたヨメさんがいました。一体これはどうしたのか、いろいろ話し合っていると、なるほどヨメさんはヨメさんだが、旧正月で実家に帰ってきていたヨメさんでした。その時このヨメさんから、ヨメの一番の楽しみは何と言っても実家に帰ることだ、何が楽しみかと言えば「寝るのと食うのが楽しみでがんす」と言うのでした。つまり朝ゆっくり寝ているにいいし、戸棚にも自由に手をかけて物を食えると言うのです。一番の楽しみ、それが「寝ること」と「食うこと」だとは、何というささやかな楽しみなのでしょう。人間としての、いや動物としての最低限の要求、それがみたされただけで嬉々としているのがヨメさんでした。私は旧正月やお盆で実家に帰っているヨメさんたちに何度か会いましたが、その実家での顔、それはたしかに婚家先での顔とはちがっていたように思います。私がヨメさんたちの話を聞き得たのは殆どこうした際のヨメさんたちからでした。

あるヨメさんが「おらは一番困るのは、マンマ食う時姑さんに早ぐ立たれるごどでがんす。姑さんが立ったのに、おらが後まで残って食っていられながんすもの……」というのです。家族みんなの御飯のもりつけをしたり、赤ちゃんにおっぱいをのましてやったりしていると、姑が食べ終る頃、まだ半分も食えずにいる、と言うのです。

また、あるヨメさんは、「おらは、農繁期より農閑期の方がつかれるような気がするもス」と言うのです。というのは、農繁期だと野良仕事だから、姑の目から離れて仕事もできる。ところが農閑期で家にとじこもるようになれば四六時中、姑の目にさらされていなければならない。それも何か仕事でもあればよいが、ない時には、無理に仕事をみつけて稼がねばならない。

その気苦労、そこで「体の疲れは寝ればなおるが、気持のつかれは寝てもなおらねぇす」というのがこのヨメさんの話でした。私はこの話をしみじみ身につまされる思いできいたのです。私の初年兵時代の内務班の生活、あの古年兵たちの凝視にさらされての生活、それは正しくこのヨメさんと同様でした。ない仕事まで無理にも見つけ出して動いていなければならなかった生活、それはたしかに、野外演習に出て猛訓練しているより私にはつらく思われるものでした。農家の初年兵、それはヨメさんである、と私は思います。

〃新婚夫婦〃という言葉には、私たちは何か華やいだほほえましい、朗らかな情景を思いおこしがちですが、農家の新婚夫婦に、私はそのような感じを受けたことが一度もありません。大体農家では新婚夫婦のための特別の部屋が殆どないようです。教室ほどもある大きな台所のいろり端が、家族全員のたまり場になっていて、夫婦が二人っきりになれるのは、わずかに暗い寝部屋においてだけのようでした。

軍隊でも下士官ともならなければ、個室を与えられぬわけですが、農家の初年兵のヨメさんも個室がなく、常に内務班(いろり端)で暮していたようです。ですから、夫婦二人っきりで新婚らしい気持を味わえるどころか、気づまりな終日をおくり、夜も更けて古年兵?たちが全員寝部屋に引きとってから、内務班?の火止めをし、そして寝床にもぐる、これが新婚のヨメさんの立場です。では新婚夫婦に与える個室がないのか、もちろんそのような個室のない貧しい家もないではありません。しかし大部分の家には空部屋になっている部屋があるのです。何故使わないのか、「これは客寄せ用にとっておく部屋だ」というのです。しかし、年間に数えるほどしか使わないその部屋を、何故新婚夫婦に解放できないのだろうか、私にはどうしてもわかりません。ただこのことの中に、農民のくらしを左右している考え方を解くカギがひそんでいるように思います。

このようにして個室を与えられずに、内務班だけの生活をつづけたヨメさんが、やがて何十年か後に姑さんになる。その姑さんはどんな姑さんになっているのでしょうか、長い間に鬱積した抑圧《よくあつ》を一体誰にたたきつけるのでしょうか。「初年兵という者はこんなものでないんだ！初年兵というものはどんなものだか教えてやるか！」こう言われて古年兵たちになぐられてきた私、人間性の不当な抑圧は必ずどこかに爆発せずにはいないものだと思うのです。

とは言っても、私は「今の嫁ゴは楽になった」という前記の婆さんたちの話を否定しようとは思いません。おそらく一昔前にくらべて楽になっているのでしょう。しかし、私はそう思いながら、その反面で今のヨメさんは一そうつらい思いをしているのではなかろうかと思うのです。というのは、戦後日本全土をおおった民主主義という言葉故です。民主主義という言葉は、ちょうど富山の薬が、どんな山奥の一軒家にも入っているように、どんな一軒家にも配給されていたようでした。「今の世の中は、民主主義の世の中だ」などという声をよく耳にしたものでした。私の歩いた農村では、民主主義とは、気ままをやってもよい主義――というように解し、老壮年は白眼視し、若者たちはよろこんでいるようでした。若いヨメさんたちの場合も、この言葉が配給されて来たことによって、今までのヨメさんたちのように、〝ヨメというものはこんなものだ〟といったあきらめから脱し、〝ヨメだって民主主義の世の中だもの〟と思っているようでした。しかし、そういう言葉だけは配給されても、その言葉には、富山の薬ほどの効き目がなく、たしかに現実の生活は、一昔前とは変り、その生活の変り方に応じてヨメの立場も変りはしているものの、それは民主主義という言葉故ではなかったようです。ヨメさんたちは民主主義という言葉に期待をかけ〝ヨメというものはこんなもの〟というあきらめがなくなっただけに(そのことは極めていいことですが)反って、精神的に苦しいのではないかと思います。戦後のヨメさんの苦しみは、そんなところからより切実になってきているようにさえ思います。

〝小糠三合持ったらムコに行くな〟と言われるムコの立場、私自身五男に生まれ、ムコ口を世話するなどと言われたこともあるのですが、実際にムコの立場を自分の目でたしかめ得たのは、行商の旅でした。まず農家の人たちがムコの立場をどのように話していたか、

「あそごの親父はムゴだへ(の)で、より合いさ出て来ても、『おらァ、家《え》さ行って聞いでみねばわがらねぇす』といって、何きいても返事しねぇす」

「ムゴず(という)ものは、死んで墓石になっても、『これゃ、ムゴの墓だ』って足で指されるもんだもなス」

また、ある婆さんから、となりの爺さんのことについてきかされたことがあります。「となりの爺《じ》さま、二十歳かなんぼの時ムゴに来てス、ずいぶん苦労したのす。嫁ゴだば火の側にもよれるども、ムゴずものは火さもよれねえものす。冬でも馬屋の前にムシロッコ敷いで、縄なったり、ツマゴ(雪靴)作ったりしてるもんだっけ。〃ムゴ三代つづけば蔵建つ〃って言うども、ほんによぐ働いだものす。それであそごの家《え》っコもくらしはよぐなったのす。んだどもムゴだがらって何時まで経っても旦那殿《だなどの》(戸主権)ゆずられねぇで、ムゴを通りこして孫に旦那殿ゆずったものす」

右の爺さんのように、一生を滅私奉公で働いて、しかも遂に旦那殿にもならなかったという例は珍しいことかも知れません。しかし、いろいろきいた話を綜合すると、ムコさんの立場は

ヨメさんの立場より一層つらいもののような気がします。それは何故なのか、私にはよくわかりませんが、つぎのようなことが考えられそうに思います。ヨメさんの場合だと、そのヨメさんが主婦にはなるが旦那殿にはならない。旦那殿になるのはヨメさんの夫——つまり自分たちの血を引いた息子がなるのですが、ムコさんの場合だと血を引かない者が旦那殿になって、先祖伝来の財産(土地)を引きつぐことになる。この血のつながりのない者に財産を渡すというところに、ヨメさんより一層滅私奉公が強いられるのではないでしょうか。また、そんなところから、ムコには旦那殿をゆずらず、血を引いた孫に引きつぐことにもなると思うのです。

ところで私は、あちこちのムコさんに会うたびに、何かしらムコさんに共通のタイプがあるような感じがしてなりませんでした。それをこまごまと挙げれば挙げられるのですが、何か一言で言いつくせそうな感じがするのです。それが長い間のど元にひっかかっているような感じで出てこなかったのですが、ひょっとしたはずみに、これだとハッと気がついたのです。それは〝ムコとは卵のような男である〟ということでした。その遠慮深い言葉、やわらかいもの腰、それだけでなく、体のつくりそのものまで女性のような丸みを感じさせる。どこにもとり立てて言うような角がない、強くぶっつかればこわれてしまうかのように万事控え目に身を持している風情、卵のようだ。たしかに〝ムコとは卵のような存在である〟と、私には思えてならないのです。

なお、ここで付記しておきたいことは、農家のムコさんといっても、そのムコさんが、学校の先生であったり、役場吏員、農協職員であったりで、ムコ入り先の財産に依存しないでも暮せる人々、そういう場合はかなりちがうようです。

4　二、三男や老人たち

農家の二、三男、この人たちも行商人の私とは、あまり縁がありませんでした。長男息子も金がないのですが、二、三男はもちろんです。もっとも二、三男といっても鉄道につとめているとか、農協につとめているとかの場合はちがいます。私は前にヨメと娘の見分け方を書いたのですが、長男と二、三男も大体見分けがつきました。もちろん年齢が離れておれば当然見分けがつくわけですが、子供の多い農村では二つちがいぐらいで子供が出来ますから、年配だけでは見分けがつかない場合が多いのです。そんな時、作付反別や反当りの収量とか、更にどんな肥料をやっているか、など聞けば、二、三男の殆どはよく知っていませんでした。もっとも一家で責任ある仕事を与えられているわけでなし、また分家させてもらい将来百姓でくらせるという見通しでもはっきりあるなら格別でしょうが、その多くは、何の見通しもなくて農繁期は野良仕事を手伝い、農閑期になれば近くに土方に出てその日ぐらしで働き、あるいは出稼ぎをしたりしてくらしているようでした。

あるお盆近い日の一日、いろり端で四、五名の二、三男が集って雑談しているのに出会ったことがあります。みんな分家させてもらえない二、三男でした。こもごも話しているのをきくと大体つぎのような話でした。

「炭焼ぎしてくらすのもいいども、炭木が後何年とつづかながべしな」「土方だって年中つづく仕事はねぇしな」「出稼ぎするったって、年よりになったらそれも出来ねがべすよ」、こんな話が交わされて、「んだら、ムゴにでも行ったら？」「おらは、ムゴは嫌《や》んたな」、そんな話の末、「おらのような奴は、ムゴには向かないべ」「んだ。おらたちみたいな奴をムゴに貰う家はながんべ、××家《や》の若え者《わけ》だばムゴ型だどもな」。ムコ型とは、つまり私の言う〃卵のような男〃のことでしょう。分家させてもらえない農村の二、三男が、その村にとどまるためには、大工とか左官、馬車引き（これは今では成り立たなくなった）ぐらいのもので、後に残るものはムコロでしょうが、そのためには、まず自分で自分を卵のような男に作りかえなければならないのでしょう。そして幸いにムコ型と公認され、ムコ入りが出来ればいいのですが、それにもれたものはどうなるのでしょう。結局ムコ型のままで都会に出ることになり、雇主の言いなりに唯々諾々と奉公する結果になる。農村の二、三男を右のような状況に放置しておくことは、日本の民主化を何時までも足踏みさせ、はては後退させる結果にもなる。卵のような男が増加すること、これをこそ累卵の危機というのではなかろうか、私はそんなふうに思うのです。

私の歩いた農村では、どこでも老人たちがよく働いていました。野良稼ぎに耐えなくなった爺さんや、婆さんたちは、留守居をしていました。留守居役といっても、春の日永をポツネンと縁側で日向ぼっこをしているというのでなく、孫の子守、家畜の世話、そして孫の着物のあてつぎをしたり、草履づくり、縄ない、体の動ける範囲のことは一つでも多くつとめようとしているようでした。また昼近くなって帰宅する家人のため、みそ汁をクタクタと一時間余も煮ているのも婆さんの役目でした。そして家のまわりの野菜畑の草とりをしているのも、爺さんや婆さんたちの役目でした。

ある婆さんは「『何仕事している』ってすか？　なァに、家のまわりの草と毎日相撲《すも》取《どり》っこしてくらしているのす」。また、ある婆さんは「おらァ、ただ居てもらって食ってるんだし、こうして家《え》っコで、値《ね》打《うつ》のねぇ仕事だどもやっているのす……」とも言っていました。また、「毎

死ぬのを待ってるばかりでがんす

日こうしているのも楽でながんす。口のついでるもの（孫や家畜の意）をおけば、食わせねぇでおぐわげにもゆがねぇし」、農耕が命をつなぐ道であってみれば、農耕から離脱した老人たちは、存在の意味が薄らいでくるものなのでしょうか？　事実、野良仕事以外の仕事は、値打のない仕事のようにみられているのでしょう。老人たちは家の周囲だけでも草をとって、その存在価値を維持して行こうと努力しているようでした。草とりも出来なくなり、屋内の仕事もろくろく出来なくなれば、無為徒食の悲しさが身にしみてくるのでしょう。「おらァ、死ぬのを待ってるばかりでがんす」、こう言う婆さんたちが、一人や二人でなくいました。これはおそらく農家の貧しさを物語るものでもありましょうが、そうだとばかり思えぬふしもありました。それは、決してくらしが貧しい家ばかりでもなかったからです。また、家族の者から特別やっかい視されているふうも感ぜられない場合もでした。だとすれば、いわゆる老人のひがみでしょうか。〃死ぬのを待ってるばかりだ〃という言葉は、言葉としては深刻な言葉な筈ですが、それを語る婆さんたちは、意外なほどしぜんに語っていました。この言葉をどのように受取ったらよいのか、私にはよくわかりません。ただ言えることは、農家の労働のきびしさです。一家総動員で、しかも超過勤務？でくらしている中で、自分だけひとり働けないという寂しさ――寂しさというより不甲斐なさ、その不甲斐なさが、「俺は生きている価値がないんだ」という考え方を誘うのではないでしょうか？　止っている時計には、「時計ァ稼《か》しぇがなぐなった」と言い、「時計を稼《か》しぇがせろ！」と言う農家の人々です。この言葉の中に、「俺たちはこんなにも働いてるのに、時計の奴め！」との怒りがこもっていると見るのは思い過ごしでしょうか。もしかりに、この推察が当るとすればこんな雰囲気の中では、働けなくなった老人たちが自ら〃死ぬのを待つ〃ばかりになるのではないでしょうか、しごく当然かのように……。

　春も浅い、みぞれの降っている昼下りでした。山奥の一軒家の婆さんがこんなことを語ってくれました。この婆さんは、秋の末から春先きにかけて、毎日のように腹がいたむということでした。「医者に診てもらったすか？」という私の質問に「なァに、こんたな体に、くすりっコ貰って飲んでも、枯木にこやしっコやるようなもんでがんすべ」、こうしてこの婆さんも死の訪れるのを待っているようでした。

さて、前に記したように「死ぬのを待つばかりだ」という言葉に何故深刻なひびきがともなわないのでしょうか。ある婆さんは「あの世へ行ったら、雨コにも風コにも当らなくて、よがんすべ」と言いました。働き通しに働いて来たんだから、あの世では、仏さまがきっと幸福にくらさせてくれるんだという信念があるのでしょうか。私には理解できないのですが、少くとも来世があることだけは信じているような気がします。というのはこの地方では、誰かが亡くなって埋葬した土まんじゅうに、鍬と鎌を柄を下にして突きさしているのをよく見かけたからです。あたかも、あの世に行って農具がなくては、農耕に差支えるのではないかというように……。

5　世間体

まえに、着物が世間でどう思われるかという規準によって選定されていたようだと書きましたが、それはひとり着物の選定の際ばかりでなく、あらゆる行動が世間はどう思うかによってきめられていたように思います。

正月もすぎて、まだ雪の深い季節でした。木の根っコがポカポカ燃えているいろりに、暖をとらせてもらいながらの世間話で、「この頃は何時頃起きているす?」ときいてみました。「四時半頃でがんす」「そんなに早く起きないと、間に合わながんすか?」「なァに、六時に起ぎでも、間に合うのす、だども、あたりほとりの家ァ、早く起ぎで雨戸っコあげるのでなス」、こういうことで、早く起きて雨戸をあけるというのでした。「では雨戸をあけてまた寝ていたらよがんすべ」「そうはいがながんす。煙っコ立でねぇと、雨戸っコあげでて、また寝でるべと思われんべス」、こんなことでした。六時におきて間に合うというのに、四時半に起きる——馬鹿な話だと思われないではありませんが、ともかく農村というところはそんなところのようです。

またこんなこともありました。それは電灯がつくようになって間もない部落でしたが、何度も寄ったことのある家でしたので、またよってみました。ところが新しいりっぱなラジオが備えつけてありました。「りっぱなラジオ買ったなス」と言うと、「なァに、おら家《え》(自分の夫《ふう》)でも、おらもラジオは好きでねぇどもス、あたりほとりで買ったのに、おら家《え》だけ買わねぇと風が悪くてなス……」。

また、土地改革で小作農から自作農になった家のおっ母さん——四十歳ぐらいだったと思います——が、「おらァ、十八の時、この家に嫁っコに来ましたっけ、その時初めて、おしろいっコずものをつけましたっけ……」それからというもの、おしろいつけてみたいもんだと念願しながらも、小作農の苦しさで思いもよらず二十年余を過ごしてきた。ところが思いもかけぬ土地改革というものが行われて自作農になり、日頃念願しつづけてきたおしろいを買える身分になったというのですが、さて考えてみると「おらァこの年になっておしろいっコつけだら、あたりほとりの人に何んと言われんべ、この頃、あそごの嬶ァしゃれ気っコ出だでねェが？って笑われんべもなス、クリームッコだけでもと思ったどもス、やっぱり匂っコすんべすなス」というわけで、ついクリームもつけかねていると言うのでした。「結局おらァ、一生クリームッコもつけれねェで死ぬんだべなス」というのはこのおっ母さんの言葉でした。

また、ある親父さんは、「お宅でもタバコ植えでるすか？」との私の問に「タバゴずものァ、人手のかがるもんで、嫌《や》んたもんだども、部落の人達《ひたつ》ァ、みんな植えでるんだし、おら家《え》ばかり、猫っコみでえに、十二支から外《はず》れたくねくてス、仕方なぐ植えでんのす」とのことでした。

農家のいろり端できいた話、それをあれやこれやと考えてみると、農家の人々は、世間体によって自分たちの行動を決定していたようにさえ思えてきます。家の新築も台所改善も、もちろん必要に迫られてのものもあるでしょうけれど、世間体故のものもかなりあるような気がします。

これは山奥の部落の青年から耳にした話です。この青年の話によると、「おらほ（おれたち）の村ではネ、結婚の話がもち上らない前から、どこそこの息子と、どこそこのめらしっコ（小娘）が、いっしょになるずごどァわがるですよ」と言うのでした。それはつまりこんな話でした。

部落がせまいし、それに通婚範囲もせいぜい村内に限られているので、村の人々は殆どの家の家族構成から人柄、財産程度、血縁関係、若い男女の学校時代の学業成績までわかっている。そこでどこそこの家には結婚適齢の息子があって、その息子の年は何歳で、学業成績は何番だった、田は何反歩に畑は何反歩、それに山が何町歩な筈だ。するとあそこのめらしっコが年ぁんべえから、学校時代の成績から、財産も同じくれぇだべし、ちょうど似合うでねぇか……、こういうような判定規準でゆくと、寅吉と花子、熊太郎とおさよ、巳之松と千代子というように殆どのくみ合せがきまってしまうというのでした。そこで前記の青年が「結婚の相手は親がきめるんでなく、世間がきめるようなもんだなァ」と言うのです。今まで、農村の結婚は、結婚する当人たちの意志が無視され、親たちの間で取きめられるとよく言われてきました。しかし、それはかなり外面的な観察なのではないでしょうか。たしかに表面的には親たちがきめているのだし、当の親たちも自分がとりきめたとも思っていましょう。しかしその親たちが、とりきめをする時、何を規準に決定するかというと、おそらく世間でどう思うだろうかということが大きな条件に入っていると思うのです。いや、それ以前に仲人役の人が、右にあげたような諸条件を勘案して、結婚話を持ちこむのですから、件の青年が「親がきめるんでなく、世間がきめるようなもんだなァ」と言うのは、まことにうがった見方ではないでしょうか。

6　部落というもの

前にも記したように、私の主として歩いたところは、奥地の部落々々でした。後にもふれますが、同じような奥地でも、古い部落と開拓部落では、ひどく感じがちがうし、また同じように古い部落でも何かしら変ってるなァ、と感じさせられることがしばしばでした。

たとえば言葉が鄭重で、敬語の多い部落もあれば、殆ど敬語らしい敬語のない部落もありました。敬語の多い部落には、古い大本家があったり山林地主のあるところ、また、もと地主小作関係のあったところ、などのようでした。私はもともと、農村の社会調査に歩いたわけではなし、古着が一枚でもよけい売れればよい身でしたから、別段改まって部落事情をきいてみたりしたことはありません。ただいろり端に古着の店開きをしながら、世間話をしていてなんとなく部落の事情がわかってゆくような感じがしただけです。ただ私は満洲で農村の民衆工作などといった仕事に関係していた事情もあって、多少〝部落の社会構造〟とか〝部落の社会的性格〟といったものに関心を持っていたことは事実です。ですから、なんとなく部落の通婚範囲とか、農地改革があったかなかったか、炭焼さんの生態とか、そんなことを茶飲み話にきいたような気がします。

こんな部落がありました。私の言うことに単に相鎚を打つだけで、自分の意見は殆ど言わない、たとえば、娘さんには明らかに地味すぎる縞の着物を「これは娘さんに似合います」と言えば「そうでがんす」と相鎚を打ち、ばかに袖丈の短い上着を「この方が働き易くて良《よ》がんすべ」と言うと「なるほど全くでがんす」といった具合で、私の意見に相鎚を打つだけです。ところがいざ買うということになると、おおむねあやまちのない買い方をしていました。だとすると相鎚は打っても、腹の中では相鎚を打ってないんだなァ、と思われるのでした。こんな部落はまた、敬語用法の発達している部落でもありました。こんな部落で、近隣間のつきあいを見ていると、至極鄭重な挨拶をし合い、お互いに相鎚を打ち合って話していましたが、腹の中ではどうなのだろうか？と思わずにいられませんでした。そしてそういう態度は、一体何が原因しているのだろうか？　その原因は私にはよくわかりませんが、部落間での相互の助け合い——たとえば「今日は、隣りの畑蒔きに助けに行きあした」「今日は、本家の屋根葺きに手伝いに行っていあんす」、こんなことで、また結婚式とか葬式でも部落をあげてなされていました。そういう雰囲気の中で、自分一人だけが、〝猫のように十二支から外れる〟わけにはゆかないし、また外れないためには、つきあいを大事に考えざるを得なくなるのでしょうか。小さい部落であってみれば、そしてまた部落が三つか四つぐらいの姓を異にした血縁関係で結ばれているとすれば、一人と仲たがいしたことが、その人一人だけでなく、その人の血縁関係の人とも仲たがいすることにもなるのでしょうか。そんなことから、必要以上と思われるほどに、その言動が遠慮ぶかくなるのでしょうか。都市とはちがい泊り客があっても、貸しふとん屋があるわけではなし、お茶が切れてもお茶屋があるわけではなし、たよるのは本家であったり、隣家であったりしなければならないのでしょうし、そんなことを思うにつけても、日頃のつきあいを大事に考えることにもなるのでしょうか。結婚式でお膳やお椀も借りねばならぬことも出来ましょう。それにつけても、そのような物持の家や、また本家などには、特にも日頃の言動をいっそうつつしまねばならなくなるのでしょう。ある婆さんは「孫に嫁っコもらう時ァ、大家さん(部落の総本家に当るような家でした)から、膳コだの椀コ借り申《も》して、ようやぐやったのす」とのことでした。〃貸した〃〃借り申《も》した〃の関係の強い部落ほど、更に山林地主の厳存しているところほど一層敬語が多いし、相鎚を打つような気がしました。そんな部落で耳にしたことでしたが、いつも借り申《も》している家で、お膳やお椀を町から買って用意したら、その本家筋の家で「おら家《え》にあるのに、高々の金っコ出して町から買って来なくてもよがんべに」と怒っているということでした。〃貸した〃〃借り申《も》した〃の関係がこわれるのが嫌なのでしょう。ですから他所《よそ》の家が裕福になるのを、喜べない気持が働くのではないでしょうか? 小さな部落のことですし、他所《よそ》の家が景気がよくなれば、相対的に自分の家が下位に立つことになる、そんなためなのか、景気のよい家をさして「なァに、あそごの家ァ、やみっコやって儲けているふうだ」などと噂してるのをよく耳にしました。またいろり話にはよく他所《よそ》の家の噂話が話題に上っていました。

こんなことがありました。ある部落を地織木綿の袷をもって歩いた時、どの家でも「いい地織だなァ」と、ほしがってはいましたが、高価なためだったか売れず、部落から半里《はんみち》もはなれた山ふところに三軒の家があってそこで売れたことがありました。ところが数日して、またその部落のある家によったところ「あの地織は××の嬶ァ買ったずもなス、あそごの嬶ァきもの持ちでいいものばかり持っているものなス」と言って、たまたまその家に来ていた三人のおかみさんたち共々、どんなものを持っているかを、逐一話し出しました。「その外にあれ錦紗のじゅばんコ持っていたっけス」「んだ、んだ」「それからあの絽の夏羽織」といった具合で、他所《よそ》の家のタンスの中身をみんな知っているのではないかと思われました。このようにタンスの中身を知っているということは、他人の生活に異常の関心を持っているからではないでしょうか。お互いが他人の生活を凝視しながら、くらしている――これが部落の生活なのだろうかと思いました。

ところで、私はあちこちの部落をまわっていて気づいたことに、こんなことがあります。部落によって父母の呼び方にいろいろの種類があるということでした。たとえばある部落は、父の呼び方に三種類〝とっちゃ〟〝ちゃ〟〝おやじ〟とあり、母の呼び方もそれに対応して三種類〝かっちゃ〟〝じゃじゃ〟〝あっぱ〟とあるのです。しかもそれが部落の階層を明らかに示しているのです。爺さんの場合は〃じっちゃ〃〃じさま〃〃あま〃とあり、また婆さんの場合は〃ばっちゃ〃〃ばさま〃〃ばあ〃とやっぱり三種類ずつありました。ところがまだ一家を代表するに至っていない息子やヨメ、二、三男たちには二種類ずつしかありませんでした。たとえば二、三男の場合は〃おんちゃ〃〃おんじ〃二、三男のヨメの場合〃あねっこな〃〃あねっこ〃と呼んでいました。そしてこの呼び方は幾代となく世襲みたいにつづいており、変らないということでした。この部落は農地改革のない部落でした。つぎはある人から聞いたのでしたが、ここと似たような部落で、アッパと呼ばれていたおっ母さんが、子供たちにアッパでは体裁がわるいというのでカッチャンと呼ばせるようにしたら、それをきいた部落の人々が「あそごのアッパいつの間にカッチャンに昇格したべ」と笑ったために、またアッパにあともどりしたとかききました。

ところが、これは農地改革のはげしく行われた部落でしたが、ここは今までになかった呼び方〃とうちゃん〃〃かあちゃん〃が新しく生まれ、今までの呼び方の階層もみだれ出していました。父母の呼び方の階層、それには歴史的な理由もありましょうが、経済的な基盤が大きく左右しているのではないかと思ったのでした。

7 春から秋へ

岩手の春も、山蔭に雪をのこしたままで、種蒔ざくら（こぶし）の咲く季節でした。今までに何度も寄って親しくなっていた農家があって、その日もいろり端で休ませてもらい、キセルにタバコを吸いつけながら「種蒔ざくらも咲く頃になって、気持よくなりあしたなァ」と、その家のヨメさんに話しかけると、「んだなす（そうですね）。だども、おらァあの花っコァ咲げば嫌《や》んたになりあんす」というのです。雪深い岩手にも春が来て、こぶしが咲く、それが何故嫌なのか？ 聞いてみて、私はしみじみなるほどと思いました。

こぶしの花が咲くと、いよいよ野良仕事が始まる、そして夏が来て、秋が過ぎ、冬が訪れ、里が雪に埋もれる日までは、働きつづけに働かなければならない、その野良仕事の前ぶれとしてのこぶし、そのこぶしが咲くと憂鬱になる……といったことでした。

こぶしが咲くと憂鬱になる――それはこのヨメさんだけでなく、実は私にも憂鬱が訪れて来るのでした。そのころもま近くなると、よくあちこちで村人たちが、挨拶代りみたいに「おめぇの家《え》では、ふっ立ったすか？」と言い合っていました。野良仕事を始めたかということなのです。〃ふっ立つ〃という言葉のふっは立つの接頭語で、意味を強めるのでしょう。つまり〃ふっ立つ〃というのは、勢いよく立ち上るといった意味になるでしょう。単に、〃ふっ立ったすか？〃というだけで何故、野良仕事を始めたかの意味になるのでしょうか？　岩手の冬期は長く、農耕の期間は短い、その短い期間を懸命に農耕ととり組まねばならない。雪が消えかかり冬から解放された農家の人々は〃さあ、これからだ！〃と屋内の生活と別れを告げて、張りつめた意気ごみで一斉に立ち上る。農耕開始――それは如何にも〃ふっ立つ！〃という表現にふさわしいものでした。そして一旦ふっ立った人々には、あの白雪が周囲の山々にきらめく日まで、憩いの日が訪れては来ないようでした。

〃ふっ立った〃後の農村、そこには田に畑に懸命に働く農民の姿が見られ、エジコに入れられた赤ちゃんが畑の片隅で泣いていたりしました。古着の行商人を相手になどしていられなくなります。家に残っている者は爺さんや婆さん、それも野良仕事に耐えられなくなった爺さんや婆さんです。そんな多忙な農村を、古着を背負って暢気そうに歩いている行商人の身が、何となく肩身がせまくなってなりませんでした。斎藤茂吉の歌に、

　めん雞《どり》ら砂あび居たれひつそりと剃刀研人《かみそりとぎ》は過ぎ行きにけり

というのがあったように思いますが、私も、大股では歩けなくなって、ひっそりと歩まねばな

このまなざしを何と見る?!

らぬような感じになるのでした。それればかりか、訪ねる家、訪ねる家、どの家も商売の相手になるような人がいません。いるのは財布を持たない老人たち、そして子供たち、中にはたった一人赤ちゃんがエジコに入れられたままで、寝入っていることもありました。泣きつかれて寝入ったのか、よごれた顔にハエが這いずりまわっていたりしました。

渋民村のある部落の山蔭の一軒家に立ち寄ったことがありました。中から赤ん坊のひどく泣く声がします。コンニチハ、コンニチハと何度叫んでも返事がなくて赤ん坊の泣く声だけです。赤ん坊一人残して野良稼ぎに行っているのでしょう。仕方なく帰りかけると、森の一角から、学校帰りらしい一年生ぐらいの女の子が帰ってきて、私とすれちがいに家の中に入っていきました。よれよれのモンペに、袖口の切れた赤いセーター、しかし肩にかけた赤いカバンだけは、真新しいカバンでした。当時私にも小学校に来年上る女の子があり、そして赤ん坊もいる、そして私も山陰で開墾に励んだこともある。今はその開墾もあきらめてはいたが、もしかりに私が、あの開墾地に家を立て、住まっていたら……と思うと、他人《ひと》ごととは思えませんでした。あの赤いカバン、それは貧しい親たちが、せめてもあの子に買い与えることの出来た唯一のものだったのだろうか、そして今、あの女の子が、泣き叫ぶ赤ちゃんを、どんな手つきであやしているのだろうか、あれやこれや思うと、貧しい家に生まれた子の不憫さ、そしてまた、その親たちの宿命——山畑で実入りの少い稗畑を、それでもせっせと草とりに励んでいるであろう親たちの姿が目に映って来るのでした。

遠山の雪も消えて、里には春が訪れていた夕ぐれ時でした。山なみ遙かに、点々とつらなる野火——その野火を見ながら私は帰途を急いでいました。ふと見ると夕やみの畑を、二つのかげが前かがみにゆれながら次第に遠ざかっていきます。おそらく母親とその子でしょう。麦ふみをしているのです。夕冷えが迫ってくるのに、いつまでこの親子が仕事をつづけるのだろうか？　そしていつ夕食の膳にありつけるのだろうか？　こう思うと、いま街の片隅の間借りの部屋で、侘しく食事しているであろう妻子の姿が思い浮かんでくるのでした。

農村は、畑時、田植、田の草とりと多忙がつづく、そんな季節の夕刻を、私は買い手のつかない背の荷物を身に感じながら、部落から部落へと歩いたものでした。夕冷えが迫る頃ともなれば、メシ炊く煙が立ち上らなければならないのに、殆どの家々は死んだように静まり返っていました。〝部落が死んでいる！〟私はこんなように思ってみたことさえあります。しかし、死んではいない、生きている証拠に、赤ん坊の泣きしきる声がきこえたりしました。

夏草が伸び切って、ススキの穂が出、桔梗の花が咲くころともなれば、お盆が近づいてきます。田畑の作物の伸びも豊作を思わせるのです。お盆の前ぶれかのように、太鼓の音が夕闇に流れてきたりします。私の心もなごんできます、これなら古着の売行きもよくなるにちがいない……と。悪天つづきで作物の伸びが思わしくないとなると、農家の財布の紐が、目にみえてしまってきます。行商人の私にも作物の豊凶が身に沁みて感じられて来たのでした。豊作を願う目的には差異があっても、「今年の作柄は？」ときく私の気持はおざなりではなくなっていきました。

秋の収穫が始まる頃ともなれば、めだって日足も短くなる関係か、人々の働きが、春にもまして一層目ざましくなります。稗の実などは風に弱く、すぐにこぼれてしまうので、人々は真に懸命に働いていました。

雲足が早く、風が出てきそうな夕刻、人里離れた山畑で、年老いた婆さんがたった一人、稗刈していたのを見かけたことがあります。桃の木にのこり少くなった葉が、秋風にヒラヒラ頼りなく吹かれていました。〃侘しい〃とか〃寂寥〃とかいう文字を見るたびに、私はいつでもこの時の情景を思いおこすのです。

秋の収穫期はまことに多忙で、そして活気もあったようです。それで、昼休みの時間で人がいたりすると、意外に売行きがあったりしました。それで私も何となく活気づく思いで部落から部落へと山坂を上り、また谷あいを辿り歩きました。道々山栗がこぼれていたり、山の香が匂っていました。茸の匂いか、山梨の匂いなのか、それはともかくとして山の匂いを身にしみて感じたものでした。
やがて部落には秋まつりが来ます。秋まつりと言えば、こんな話を思い出します。栗の実の季節も過ぎて、谷川の

水音が急に耳につき出す頃でした。ある奥地部落の婆さんが「いいめらしっコ（小娘）だったずどもス（そうですが）、ほんにむじょい（不憫な）ごどしたもんだ」と話してくれたのは、つぎのような話でした。

隣り部落の十九になる娘が自殺した。部落におまつりが迫っていたのに娘には晴着がなかった。家が貧しく親にも言いかねて一人泣いていたらしい。娘の叔父に当る人が娘の気持を察したが、やっぱり苦しい家計で買ってやれず、ふとんの表地にと買っておいた木綿の反物を娘に贈った。娘はそれで袷を作り、秋まつりを送ったが、幾日も経ずに、人里離れた淵から溺死体として発見された。何の遺書もなかった。

私は、婆さんからの話をきいていて、その見ず知らずの娘さんに、他人《ひと》ごとならず哀れを感じてなりませんでした。十九歳の若さでという哀れさと、秋のくれという季節の感傷もあったかも知れません。しかし、私が哀れさに耐えないのは単なる感傷だけではありませんでした。というのは、奥地農村の娘たちに、果して青春があるのかということです。年齢の上では青春がめぐって来ましょう。しかし現実の生活の上では、あの黒っぽい老若の区別さえつかない野良着姿で、来る日も来る日も暗い顔の父母と共に、山畑にしがみつくような労働に明けくれているではないか。

こういう娘たちに、青春が与えられる日、それはまつり日なのではないか、この日娘たちは野良仕事から解放され、タンス深くしまいこんでいた晴着を身につけ、そして始めて生活の上での青春を意識し、また他(若者たち)に己れの青春を誇示することが出来る、その与えられた唯一の日を晴着をまとい得ない、それは人間らしい生活の放棄を意味する――と私は考えるのです。

娘さんの死の原因をそのように人間らしい生活の放棄に耐え得なくて――と解する私には、この娘さんが、たとえ死をえらんでも人間《ひと》の子の誇りを棄てなかったことに、言いようもない哀れさと共に慰めを感じるのです。

〽わたしゃ　外山《そとやま》日蔭のわらび　だれも折らぬで　ほだとなる

これは右の娘さんの隣村、藪川村外山部落にある民謡です。いつの時代から唄いつづけられて来た民謡なのか、青春のない地帯の娘さんたちの哀感をそのままに唄いつがれています。私はこの唄をきくたびに、右の娘さんのことを思い出すのです。

秋まつりが過ぎると、急に朝夕がひえびえとして来ます。そして奥羽山脈に北上山脈に、雪がきらめき出し、やがて里に雪が訪れて来ます。

〝農閑期〟というと、私は農家の閑な時、とばかり思っていました。しかし行商してみた私は、農耕の閑な時、という風に考えなおすようになりました。

ある婆さんは「口の付《つ》いでるものをおげば閑《ひま》ッコなくてなス」と言っていました。大抵の農家は馬か牛がいます。それに豚がいることもありますし、また鶏はあちこちの家にいます。それに子供だって〝口がついている〟のです。一年中、手をつけかねていた衣類のつくろい、男たちは炭焼きに山に入ったり、土方に出たり、また出稼ぎに出る人だってあります。女たちには、炭すご(炭俵)あみの仕事、縄ないの仕事もあります。春先買ったきりで縫えずにいた着物もあります。山村に生まれ、山村に育ち、山村の教師をした筈の私が、うかつにも、農閑期と雖も、農家のおっ母さんたちの仕事は、都市の奥さんなどとよばれている人より、遙かに多忙なんだということを知らずにいました。そして〝農閑期〟とは、読んで字の如く、農家の閑な時なのだ、とぐらいしか感じていなかったようです。

しかし、何と言っても農繁期にくらべたら閑なことはまちがいないと思います。しかし前に記したように、農閑期は一層つかれるというヨメさんたちもいるのですが……。

8　稗メシはおいしかった

同じ部落を一年近くも歩いていると、何軒かの親しい家がでて来、そして「おめぇでねぇば買わねぇがら……」という人も出て来るものでした。そんな家に、たまたま昼食事に立ち寄ると、私にも御馳走してくれたりしました。稗メシにみそ汁、それにガックラ漬(庖丁で不規則に欠いた大根漬)といった食事でした。稗メシは温い時はいいが、冷えたものはボロボロでなかなかのどを通らないのです。私も、その家の人たちがするように、谷川から汲んできた清水をぶっかけて、ざらざらと口へ流しこむ。ガックラ漬は、丼に山ほどある、それをおかずに食べるのがおいしかった。それは当時の食糧事情もさることながら、毎日四、五里も歩かねばならぬ生活で、常に空腹だったからかも知れません。おそらく現在の私には容易にのどを通らないかも知れません。空腹は食べものをおいしく食べさせるものだとすれば、労働のはげしい人ほど、調理法についての注文が少くなるのではないでしょうか。農家の調理方法が単純なのは、多忙故に調理時間にめぐまれないこととともに、労働のきびしさ故に単調な食事もおいしく食べられるのも一因ではないかと思ったりします。

農家の食事というと、魚なしの食事というように、私は考えていました。しかし夕食の時刻などに立ちよった家で、しばしば魚を焼いていたのに会いましたし、また魚の行商人と道連れになってきいたところでも、どんな山奥に入って行っても売れるということでした。当時は食糧事情の関係もあって、漁村からはるばる魚をもって穀類との物々交換に入ってくる人もあったからでもありましょう。どんな家でも月に何度かは食べていたように思います。私は昭和十三年まで山村教師をしており、当時の農家の食生活を若干知っているわけですが、その頃と比較してみてかなり向上しているように思われました。ある親父さんが「何といっても配給制度が出来てから、食生活がよぐなって来たのす」と、次のようなことを話してくれました。

戦時中に食糧の配給制度が出来て、魚や砂糖の配給があった。どこそこの家にはいくらと割当があるので、それをとらないとどうもあたりほとりの人(近隣の人)に引け目を感じる。それにヤミ値よりは安く買えるし、それで今まで魚を買わなかった家でも世間体から魚の配給を受け、砂糖を使うようになった。「昔は彼岸ダンゴに砂糖を入れる家は、部落にも数えるほどしかなかったのす。今では入れねぇ家はながんべなス」と言い、また炭焼さんや主食に不足している貧農には配給の米が受けられるようになって、今までは稗ばっかり食べていた人々も米稗の混食に変ったと言うのでした。こうして配給制度によって一旦食生活の向上した農村が、配給制度がなくなった今日でも、そのまま後退せずにつづいているようです。とは言っても大方の農家は、主食はもちろん副食の大部分も自給ですから、馬鈴薯ができるころは馬鈴薯、キャベツが出るころはキャベツといったことになり、非常に単調なようでした。農家の副食は何であるかを見るには、家の周囲にある畑を見ればおよその見当がつくような感じがします。

私は農家のいろり端に坐っていて、おどろくのは、台所の隅や、土間の隅などにおかれている漬物樽の大きさでした。二斗樽とか四斗樽といったものではありません。おそらく石の単位の樽です。腰のまがった婆さんなど踏台に上って出しているのを見かけたこともあります。大根の沢庵漬、キャベツや白菜や大根の塩漬などといったものです。都会の一般家庭では漬物樽といっても、せいぜい四斗樽ではないでしょうか。それが農村では単位がちがうのです。何故そんなにも漬けるのだろうか。もっとも沢庵漬などでも、都市のように小皿に二切れなんといったものでなく、その何十倍か食べるし、また来客があれば、お菓子代りにもなる。それにしてもあの樽の大きさ、しかし、ある秋の収穫期の頃、ある農家に立ちよった時、万事がわかったような気がしました。ちょうど昼時で、野良から帰って来た人たちが、稗メシに水をかけて口に流しこみながら、片手に沢庵漬をつかみ、それをしっぽの方からボリボリ食っているのです。私は、その時、なるほどこれだ！と思いました。煮も焼きもせずに、樽から引き抜いて来さえすれば食える食べもの、それは漬物なんだ。こんなに手がかからぬ食べものはあろうかと。農家の多忙からくる調理時間の不足、これが漬物樽の大きさになって現われているのではないだろうかと。

9　思い出すことなど

渋民村の田植も始まって、何日か過ぎたころだったと思います。その日はどこの農家も総員出動で人が居らず、売行きがなく、あちこちの部落をめぐって、山畑の多い部落にまわってみました。ちょうど部落の中ほどに来ますと、人々が集まってさわいでいます。「何か出来たのですか？」きいてみると、五つになる男の子が川に流れて死んだというのでした。聞けば私が何度も立ち寄った家の子で、田舎では〃早死するほどの子は利口な子だ〃など言っているものでしたが、この子も何とも言えぬかわいい子で、私に山梨の実をくれたこともありました。両親が田植の手伝いで隣りの部落に行っていたとかいうことでした。それから半月ばかり経って、その家に寄ってお悔みを言うと、いつも元気な親父さんもしょんぼりしていて、「あのワラスァ、今まで写真ずものを、とったごどァながったもんだし、いげで(埋葬して)しまえば何も後に残らねえど思って……」、死んだ子を抱いて写真をとってもらったとのことでした。つい先頃、私は『週刊朝日』に〃人間零歳〃という標題で、ある赤ちゃんの誕生日から満一歳になるまでの三百六十五日間毎日の写真が出ていたのを見、その子のことを思い出したのでした。一年に一回はおろか、数え年五つになるまで一枚も写真のなかったその子、そして死んで始めて父に抱かれて写真をうつしてもらえた子、その子のために私は極楽のあることを信じたいのです。

これも渋民村のある部落です。その部落を馬車道がカーヴを描いて通っています。その馬車道からの枝道を四、五町上ったくぼ地に、三軒の農家がよりかたまるように立っています。その中の一軒が、私から海軍兵の上着を買ってくれた家でした。買ってくれたのはその家の二男坊で、海軍兵として南方におって戦後復員したということでした。縁側にひろげた古着の中から、海軍服をみつけ出した彼が、私に「これはいくら？」ときいたようでしたが、ほとんど声がかすれていてききとれず、母親の言うのでは「三月ばかり前に復員してきてス、稼いでいたっけが、十日ばがりまえがら、さっぱり声が出なぐなってス、風邪でも引いだべものす」とのことでした。私も沖縄から復員してきたことを話すと、彼は、同じ戦地の体験者だ、といったなつかしさを感じたらしく何か言いかけたのですが、それがさっぱり声になりません。それから一月ばかりして、何か彼に引かれる感じがして、その家を訪ねてみました。コンニチハと声をかけると、母親が出てきて、「お前《めえ》がら、服《ふぐ》買った息子ァ死にあした。あれがら一《ふと》づも(少しも)声が出なぐなってス、物ものどを通らなぐなったっけものす」と言うのでした。彼は喉頭結核にでも侵されていたのだったでしょうか。何にしても、せっかく戦地から生き帰った命を、あっけないみたいに死んで行った彼、私は彼の死に人生の儚さを思うとともに、彼が淡々として死んでいったようにも思うのです。そしてまた、彼が死ぬ何日か前に、あの海軍服を手に入れて、ささやかな満足感を持って死んでいってくれたようにも思うのです。

その家を訪ねるたびに、馬の居ない馬屋というものは寂しいもんだなァ、と思いました。馬屋の屋根がやぶれているところをみると何年か前から居ないらしく、生活の苦しさを物語っていました。十二、三歳の子を頭に四人の子供がいて、小さい子などは見るに耐えないボロを着ているので、金は都合がついた時でいいからと古着を二枚貸したことがあって、そんなことから、私は何度かこの家に寄ってみたのです。いつもここの親父さん(四十歳位)は婆さんと前の畑で草とりしていたり、稗の脱穀をしていたりしました。その日親父さんに「おかみさんは?」ときいてみました。すると「あそごに草どりしているす」と言う、見るといつも見ている婆さんです。

親父さんは、私にその結婚のいきさつを語ってくれました。それによると、自分に十五歳年上の長兄があって、自分は末っ子だったが、兄が二人の子供を残して病死した。当時自分は十九でまだ家にいた。兄嫁が実家に帰るか、さもなければムコを迎えなければならない。親類たちの意見では、ムコを迎えれば財産が血縁のない者同士の手に帰することになる。兄嫁の実家では、家に帰ってきてもいいが、子供は引きとらないという。兄嫁は子供と別れたくないと言って泣く、結局親類たちが、お前が兄嫁といっしょになってくれさえすればすべて丸くおさまる、こういうことで殆ど強制的に結びつけられた、というのでした。

そして親父さんの言うには「おらだって年が十四もちがう兄嫁といっしょになりたくながんしたのす、んだども子供と離れたぐないといって泣ぐし、おらさえがまんすればなス」、こう言う、親父さんの顔は、当時を思いおこすらしく侘しい表情でした。私は今でも、その時の親父さんの顔を思い起すことが出来るのです。太平洋戦争で戦死者を出した農家では、こうした非情な結婚がずいぶんなされて、農村を一層暗いものにしているような気がします。

父祖相伝えて一鍬々々、流れる汗を注いで耕して来た耕地——それは農民にとっては、たとえ、山畑の瘠地であったにしても、単に広がりをもつ土地として考えられないのではないでしょうか。自分の子供を、単なる一人の子供として見得ないと同様に、それがやがて、父祖相伝えた土地を、血縁のない者に手渡し得ない原因になっているのでしょうか？　農村におけるヨメづとめ、ムコづとめのつらさはその土地への愛着から来ているような気がします。

木の根っコの燻っているいろり端でぐったりした男の子(五歳)を、抱きしめているおっ母さんがいました。額に手をあててみるとものすごい熱で、呼吸がはげしく、素人目にも急性肺炎の感じです。おっ母さんが「おめえがら千円借りでらっけが、今、五百円だげしかねえがら、後ァ待ってけろ」と言うのです。私は「なァに、金もらいにきたのでねえ、これゃたしか急性肺炎らしいから」と、その金をもって医者にみせにゆくようにと極力すすめました。「医者につれで行ぐったって、着せでゆく着物もなくてス」「なァに、着物を見せに行ぐのでながんすべ…

家には誰もいない……

…」「んだら医者さまさつれでいってみますべえ」こう言って立ち上って部屋に入ると「これは、前の子供が生ぎでだ時、着せだのでがんした」と、もってきたのは女の子の着物でした。この子の姉も、この子の年頃まで生きただけで生涯を終ったのでしょうか？　この子も、何か姉と同様の運命を辿るような予感がするのを打消しながらその家を出ました。その家の縁側には土の付いたままの馬鈴薯がたくさんころげていて、破れ障子が秋風を屋内に誘いこんでいました。

それから幾日かして、私はこの家に立ち寄ってみました、おっ母さんの暗い顔をみるのを予感しながら。「ハァ、おがげさんでよくなってス。あのワラスすか？　なァに、そごえら(そのへん)で、栗っコでも拾《ふろ》ってるべぇス」。五つになるというその子が、秋の夕ぐれ時を、小さいふごでも腰にぶら下げて、無心に栗を拾っている姿、それを想像することは、何か救われたような、同時に、また、不憫でならないような、言いようのない気持——今でもその時の気持をそのままに思い出すのです。

行商の旅で思い出すものの中に雪のしんしんと降りつむ夜中を、提灯を片手に雪の中に消えていった男の姿——それを思い起すのです。その日は殆ど買い手がつかず、あと一点でもと思って、すっかり暗くなった夜道を、勝手を知ったあの家この家とまわっていた夜でした。ふとある家に立ち寄ると、その家の馬屋のところがばかに明るくなっていて、馬屋の前に家族の者が寄りかたまって騒いでいるのです。「お晩でがんす」という私の声に気づいてか気づかないか、皆の視線が一つのものに注がれています。そこには横にたおれたままの馬の胴体が、苦しそうに波打って息づいていました。時々苦しみの発作がおきるらしく、前足をかくようにして立上ろうともがいてはまた横にたおれます。そこに暗闇の中から、この家の親父さんがとびこんでくるなり、「おれァ、これから盛岡に行ってくるがら、破傷風には血清注射のくすりっコがなければ、わがんねぇずァ(ダメだそうだ)、馳せれば汽車に間に合うごった」、こう言うやいなや、土足のまま屋内に駈け上って、外套をきて、一里ばかりの夜道を駈け出していったのでした。提灯がゆれながら雪の中に遠ざかって行き、その後には異様な沈痛な空気だけが支配していました。とても私が口をひらけるような雰囲気ではありません。だまってその家から闇の中へ出てしまいました。行商四ヵ年の中で、こんな異様な真剣な場面にめぐり会ったことはありません。それだけに今でも、ありありとその時のことを思い出すのです。後できいたのですが結局その馬は死に、時価七万円はしたというこの馬の死は、この一家の経済をもってしては容易には挽回できない打撃なのでしょう、その後この家に何度か寄ってみましたが、馬の居ない馬屋の侘しさ、そしてその侘しさは、この家のすみずみまでを支配しているように思われてなりませんでした。馬の存在、それは農家にとってどんな意味を持つものか、それは単なる七万円の損害だけではないような感じがします。

馬といえば、ある婆さんがこんな話をしていました。「おらァ、若い時病気して、馬を二匹食ってしまってス」というのです。聞けば入院費の支払いに困って二頭しかいない馬を売払って支払いにあててしまったというのでした。〝馬を二匹食った〟という表現、その表現はいかにも農民らしい表現ではないでしょうか。おそらく当時の何十両かの金を支払ったのでしょうが、この婆さんには、単なる何十両という金ではあらわせないせつなさがまといついているのでしょう。馬を手離す時のせつなさ、馬の居なくなった後の侘しさ、それらのせつなさを表現するには、やっぱり〝馬を二匹食った〟以外の言葉では表わせないものがあるのではないでしょうか。

以上、私は幾つかの思い出を書いてきました。いま目をつむって、私の歩いた部落々々での思い出を辿っていくと、更に数かぎりない思い出が浮かび上ってきます。それと同時に、ああした生活を根強く耐え忍ばせているものは何であろうかと思うのです。

10 耐えしのばせるもの

部落に通ずる道路――それはバスもトラックも通じない道路でも、長い部落の歴史を物語っているのか、細い道路が過去数百年にわたって踏み固められたように固い路面で通じているのでした。そして部落のあの家この家には、家の後に太い杉の木が天を衝いてそびえていたり、庭先に柿の古木がまっかな実を夕陽に映し出していたり、うら枯れた松の大木がまがりくねっていて、その家の歴史を物語っているようでした。

部落にも、個々の家々にも古い歴史がある。そしてそこに生まれ育った人々は、その歴史を受け継ぐ人間として生きてゆくのでしょう。部落から受ける制約、家から受ける制約も、また生活の中の不合理も強く意識することもない人間として……。

私は過去においては、子供はその子供の母親によって育てられているものと考えていました。考えていたというより、考えてみたこともないほどに、わけもなく母と子はむすびついているものと思っていました。しかし行商の旅で、母と子がむすびついているのでなく、婆さんと孫がむすびついていることを知りました。つまり幼児はその母親によって育てられているのではなくて、その多くは、婆さんによって育てられていました。もちろん、婆さんがなければ爺さんだったり、子供たちの手による場合もあり、またおっ母さんたちの場合もないではありません。私は農村調査で歩いたわけではありませんので、婆さんによって育てられている子が何%あるかはわかりません。昭和二十九年かの岩手県教員組合の県下にわたる調査では、祖母三七%、母二五%、姉一四%、祖父一一%、その他となっています。即ちこの数字でみると、直接母親の手で育てられている子供は四分の一にしかすぎないことがわかります。これらの数字は果してどれだけ正確な数字かは別としても、母親に育てられている子が、婆さんに育てられている子より少いことは間違いないと思うのです。このことは、岩手の子供たちが、都市の子供たちにくらべ、どのような成長をするかに測り知れない影響を持つものではないでしょうか。つまり都市の子供たちは、主として昭和生まれの母親に育てられているのに、岩手の子供たちは明治生まれの婆さんによって育てられている。そこに三十年の時代のくいちがいが生まれる。〃三つ子の魂百まで〃とはよく聞かれる言葉ですが、また現代の心理学は、「知能の発達の九〇%は幼児期に形成され、性格の基礎もこの時期において形成される」とも言っているようですが、かりにその説が真実だとするならば、その人間形成の最重要期に、岩手の婆さんたちがどんな修身教科書？で子供たちを教育しているかは、大きな問題だと思います。おそらく古い伝統の中に、何の批判もなく素直に馴染める人間——つまり現状に甘んじて耐え忍べる人間——を目標に、教育？していてくれるのではないでしょうか？

とは言っても、人間には人間らしい幸福がなければ耐え得る筈がないと思うのです。もちろん、何を幸福と考えるかは個々にちがうでしょう。しかし、きっと、あの人たちにはあの人たちらしい幸福があるにちがいない。それは一体何であろうか？　こう考えると私にはわかりません。やっぱり私は単なる農民の傍観者に過ぎないんだなァ、と思うのです。

柴木がパチパチとこころよく燃えている炉端で馬の顔を見ながら(渋民村では炉端から土間を距てて馬屋がみえる)馬の話をきいたことがありました。それによると、山に放牧していても、嘶き声で自分の馬がわかるし、毛の色つやや体の大きさはもちろん、その歩き方、顔も千差万別で、顔をみても部落のどこの家の馬かわかる、ということでした。私などは馬というと顔の長いのが特徴と考える程度ですが、農民にはその顔にも千差万別のちがいを見てとっているのを知り、このようであって初めて馬に愛着を感ずるのだろうと思ったのでした。

馬一つとって考えても、農民は単なる〝馬〟という動物を感じているのでなくて、他の馬と、明らかに区別のある自分の馬なのでしょう。しかもそれが子馬の時から育てた馬でもあってみれば、無事に成長したその姿を見ることは、おそらく私たちがりっぱに成人してくれた吾が子を、限りない幸福感を持って眺める気持にも似た、幸福感を持つのではないでしょうか。馬せりで手離す時、涙して別れるというのもそういう馬であればこそなのでしょう。作物についてもこれと同様な感情が働いているのではないでしょうか。作物もいきものであってみれば、今日の作物は明日の作物ではない筈です。こんなことを言っていたおっ母さんがいました。「農繁期は朝《あさま》起ぎで見ても疲れが抜げないでて、今日ァなじょにして稼ぐべぇど思うごどがあるす、だどもこうしては居られねえど思って地下タビ穿《は》いで畑さ行ぐのす、すると、あっちさもこっちさも草っコいっぱい出で居です、それ見ると『おれァ、今草っコとってやっから』って疲れだのを忘れで草どりっコするのす」。こうなると、畑の作物は単なる植物ではないのでしょう。

雑草に負けそうになっている作物をみれば〝今草をとってやるぞ！〟と叫びたくなるような気持、これが農民の気持なのでしょう。だとすれば、草をとってやった翌朝、目にみえて伸びの目立つ作物に、言いつくせない満足感幸福感を持つのではないでしょうか。作物と共に悲しみ、そして喜ぶ農民。「農民の労働が過重だ！」ということがよく言われる言葉だし、事実それにはちがいないにしても、その労働に耐えさせるものは、雑草に苦しめられている作物からの声が聞える故ではないでしょうか？　この一畝《うね》の草をとれば、作物の収量がいくらまして何百円の儲けになるという打算では、とても耐えられない労働だと思うからです。ある親父さんは「人《ふと》を相手にすれば騙されるごどもあるども、作物ァ、人《ふと》を騙さねぇ」と言っています。この言葉の表現をみても、農民は作物を単なる植物としてでなく、人間と同様に、いや、もっとまともに自分の気持をくみとってくれるものとして対しているような気さえします。そのためでしょうか、稗の穂が熟して穂先を垂れてくると、〝頭っコ下げだ〟〝首っコ下げだ〟と言い、その反面、赤ちゃんが死んだことを、〝死んだ〟という表現でなく、〝干《ほ》しけた〟とか〝しいな（しいな＝粃＝皮ばかりで実のないもみ）を作ってしまった〟というように、人間に対して使う言葉と作物に対して使う言葉とが、混用されているようです。

以上から考えてみて、作物と語り合いながらくらし、そのくらしの中で、作物とともに悲しみ、作物とともに喜び、そこに不幸感も幸福感も味わっているのではないかと思うのです。山奥の一軒家で、他人《ひと》の顔を見ることも珍しいようなところで、それでも生活《くらし》つづけているのをみると、農民は作物の声がきけるからではなかろうかと思わざるを得ないのです。

以上は私の単なる推測に過ぎないかもしれません。しかし、外面的にみても〝これが農民の幸福なんだろうなァ〟と思われたことがないでもありません。

柿の実が色づく頃、粟や稗が重く穂を垂れ豊作も約束された秋の夕刻を、いろりには木の根っコが暖く燃え、子供たちがとってきたのであろうか、栗の実やきのこがちらばり、大きな南瓜がころがっている。そんないろり端で、キセルにタバコを吸いつけている親父さん。馬屋では、毛並のいい馬がゴトゴトと音を立てたり、いなないたりする。隣り近所の子供たちが声を上げて飛びまわっている庭先、雑種の鶏が二、三羽えさをあさっている。こんな情景を見ると、私までが幸福感を身にしみて感じたものでした。

こんなことがありました。好天がつづいた秋の一日でした。炭焼兼業の人たちのいる二十戸ばかりの部落——山坂を上りきると、盆地に藁葺屋根が点在しています。ゆるい下り坂はカラマツ林です。折からの夕陽に、カラマツの落葉が金屑のようにこぼれてきます。林の中に男の子供が二人いて、小さい炭窯を作って、鉛筆ぐらいに柴木を折っています。一人は小学二年生ぐらい、一人は学校前ぐらい、弟なのでしょう。ゆるい坂道を下りてくる私には気づかないらしく、前かがみになったままで、せっせと柴木を折っています。その子供たちの背にも、カラマツの落葉が金屑のようにこぼれていました。そして子供たちの炭窯からも紫の煙が立上っていました。おそらく家に帰っても親たちがいないからこうしているのかも知れません。しかし、夕陽の中の子供、紫の煙、そして金屑のような落葉のこぼれ、それは子供にとって、やむを得ない遊びであったにしても、やっぱり〝自然の中の子供〟の幸福ではないかと思うのです。これは私の単なる感傷に過ぎないのかも知れません。しかし私は、〝僻地の子供にのみ与えられる幸福〟だと信じたいのです。

11　思い起す話など

いろり端の話の中心になる話題は作柄の話、馬や牛の話、軍隊生活の話、それから物価の話でした。とくに老人たちは、米一升何銭という時代を知っているだけに、口を開けば物価が高くなってくらしにくくなったことをこぼしていました。ところが、その反面、「今の若《わけ》え者ァ、稼がなくなった」とか「おらァ若《わけ》え頃ァこんなもんでながった」と言い、朝暗い中に家を出て草刈場に出かけたもんだ、食べるものだって、また着る物だって、今より本当にひどかった。米のメシなどは盆と正月とおまつり以外には食べるものだとも思わなかった、もっとも作物だって今の半分ぐらいしかとれなかった、などと話していました。

以上のように老人たちは、昔よりくらしにくくなったと言い、その反面では、今の若い者たちのように暢気なものでなかったという。この二つは相矛盾するようにも思われます。しかしよく聞いていると、必ずしも矛盾した話でもないようでした。

それは〝今は体は楽だが気持の上では楽ではない〟――つまり、昔は地下タビの代りにはわらじ、ゴム長靴の代りにはツマゴ（わらで作った雪靴）を穿いたものだ。下駄だって、自分の家で手作りしたものを穿いたものだが、今はそうはいかない。おらは子供の頃は小学校は四年までで、それもいきたい者はいくし嫌な者はいかない。今は中学三年までいくようになり、そのための金もばかにはならない。「なァに、彼岸だんごにだって砂糖っコ入れるずごどもなかったもんだ」――こんなことで入る金も多いが、出る金が一層多い。それで「なじょにして金っコ手に入れだらいいか」と、常に気持にゆとりというものがなくなった。結局、自給自足の経済生活がこわれてきて、商品経済の生活が入りこんできての生きにくさを語っているようでした。

「小学校だば、われ(自分)の部落の学校だから、ボロ着せてやってもいいども、中学校になれば町(本村)の学校に通ぅもんで、ボロ着せでやるわげにもゆかねぇし……」と、僻地と雖も逐次社会関係が広がってきて、木炭を運ぶためのトラックも部落をつっ切って通るようになり、電灯もともるようになってみれば、昔のように松の根っコをともしているわけにもいかなくなる。他人《よそ》の家でラジオを入れれば、自分の家だけ入れないでいるわけにもゆかない。魚の行商人もくるし、私のような古着の行商人もくる。そうなれば、かつては暢気にどぶろくを造っていたのが次第に清酒に変らざるを得なくなる。金が入ることも昔にくらべるとたしかに入るようにはなったが、出る金はそれにも増して多くなってきている。そこで私の行商時代の終り頃、ある婆さんは「今は、何でも物は出てきて、ねえものはなくなったが、ねえものは金ばかりになったなス」と言うのです。

いろり端の話には、軍隊生活の話がよく出たものでした。これは軍隊体験者間であれば、すぐ共通の話題になるからでもあったのでしょう。ところで軍隊生活は都会の者にしろ農村の者にしろ、全く同様の体験をしてきている筈ですのに、その受けとり方はこれほどまでにちがうものかと、おどろかずにいられませんでした。それはどんなにちがっていたか？

12　軍隊ず所《どご》ァいいもんでがんした

いろり端での軍隊話からまず、いくつか拾ってみます。「軍隊ず(という)所《どご》ァいいもんでがんした。明るくなるまで寝せておいてくれで、暗ぐなれば、寝ろって寝せでくれだ」「米のメシを食《か》せでけるっけァ、いい所《どご》だった」「洋服着せで皮の靴はがせで呉れだったス」、こんな話が出るものでした。これは農家の衣と食の生活が軍隊生活より低かったこと、そして労働がきびしいことを物語るものでしょう。これは一応うなずけることですが、なぐられたことも愉快そうに語るものでした。「大学出たのもいたが、よくなぐられているもんだったス」「大学出もおらも同じになぐってくれるっけス」、こう言われてみれば、なるほどとうなずけます。軍隊以外の社会では学歴のない者が明らかに冷遇を受けるのに、平等になぐってくれた——つまり平等に扱ってくれた——軍隊、それがこころよかったのでしょう。また「大学生が初年兵で入ってきたっけが、生意気だから、ぶんなぐってやったっけが、おもしぇがんしたなァ」、これはひどく楽しい思い出のようでした。おそらく、軍隊以外の社会では、考えも及ばないことでしょうから。

「おらハァ、軍隊のおかげで字ッコを覚え、手紙ッコも書げるようになりあんした」「あそごのオンジは、軍隊にいく前は、人前でろくに話もできなかったども、軍隊に行ってがらすっかり変ったもなァ」「おら方《ほ》の村長さんが軍隊に行ってえらぐなった人でがんす」。その村長さんというのは長く軍隊にいて曹長にまで昇進した人で、軍隊に行ってから人間ができたというのでした。ともかく、都市のインテリなどと言われる人の場合は、軍隊に行っていたために〝軍隊ぼけ〟がしてきたという話はききますが、農村の場合はすべて人間ができて帰ったとみられているようでした。また「あそごのオンジは棄《な》げオンジ(不要な二、三男)なんて言われだもんだっけが、軍隊にいって伍長になって来てス、それがら青年訓練所の指導員なんかやって、今では村会議員でがんす」「あそごの親父は、下士志願して恩給つぐまで軍隊にいて帰ってから、その恩給質において(担保にして)金借りで田ッコ買ったのス」。これをみると、貧農にとって軍

隊は出世の糸口だったり、また貧しさから這い出る手段にもなっていたようです。

「おらの同年兵ァ、海岸に居ぁんす。せんころ米ッコしょって行って呉れで来ぁんした」。またその反対に、海岸にいる同年兵から呼ばれてあそびに行き、帰りには魚をどっさり背負わされて来た、というのもききました。「軍隊に行った者同士が、道路を話っコしながら歩いても、いつのまにか、ザックザックと足並みがそろって、その気持はいいもんでがんすじぇ」。また、ある五十代の親父さんが「畏れ多くも大元帥陛下……という言葉がかかると、ザァッと足を引いて直立不動になったあの気持！——あのいい気持は忘れられながんすなァ……」と感慨に耐えぬおももちで語るのにも出会ったことがあります。

では再軍備についてどう思っているのでしょうか。八人も孫のあるという爺さんが、「こったださに(こんなに)ワラスがふえるべし、国は狭ぐなったべし、戦争して満洲ばりもとっけぇさねばわがながんすな(ダメですね)」と言うのにも会ったことがあります。また、今の若い者がしまりがなくなったことを嘆きながら、ある爺さんは、「兵隊のメシ一年も食《か》せれば棒っ木みてぇにピンとなるんだどもなァ」と、軍隊のなくなったことを無念に思っているような口ぶりでした。そしてこのように感じている農民が決して少くなかったように思います。

では、何故農民が軍隊教育を求めるのか。それは、都市はいざ知らず、少くとも封建的な身分社会の色彩のこい農村にとって軍隊は、最も好ましい型の人間を育成してくれたからではないのでしょうか。

軍隊で全く同じ体験をして来ているのに、都会人と農民とのこのちがい、それは何に起因するのか、このこと一つを掘り下げて考えてみるだけでも、農村の姿が理解されるような気さえします。

13　地べたに腐る胡瓜

昭和二十五年——私の行商生活も終りに近づくころは、次第に街には物資も出まわっていました。もちろん食糧品もです。かつてはリックを背負って街からきたうるさいほどの買い出しが、今はどの部落にも発見できませんでした。縁側にころがっていた南瓜、土間の隅にちらばっていた馬鈴薯、しなびたキャベツ、食糧という食糧は、農家の庭先でしかも高価にさばけたのに、それが今は、地べたにおちた胡瓜が腐っても誰も見むきもしないようになっていました。私の歩いた部落は田地が少く畑地の多い部落だったので、うるさいほど街からの買い出しが来たわけでもなく、従って目立つような農村景気はなかったようですが、しかし一年々々金のめぐりがわるくなっていくらしく、財布の紐がかたくなっていく感じでした。だからといって古着が目に見えて売れなくなるわけでもなく、歩いてさえ居れば、何がしかの品がさばけるのですが、物々交換を望む農家がふえていきました。私としては、それは食糧品の統制違反でもあり、また、物々交換した食糧を背負わねばならぬ苦痛もありで、避け得べくば避けたいことでした。それにもまして私を心苦しく思わせるのは、女の子の赤いセーター六百五十円の代に、大豆一斗——それを一升枡で一つ、二つと測って渡される時、それは金で六百五十円渡されるより、遙かに辛い思いでした。私は山畑を開墾していた時、たった四升五合の大豆を収穫するのにどれだけ苦労したことか。それなのに、こんなちっぽけなセーター一枚が、大豆一斗、一枚のネルの腰巻が小豆五升、こうして物々交換することは、統制違反や、背負わねばならぬ苦痛よりも遙かに心がいたむことでした。何か農民の労苦の所産を横どりするような感じがして……。この頃になって、私は意外な売行きがあると、何か心にとがめるものを感じ、さればといって売行きがなければ家のくらしが思いやられ寂しくなるのでした。

こうした頃、街から穀類を買い集める商人が入りこんできて、街で買えば一升二百円余もする小豆を、百二、三十円で買いとっているようでした。「なんてまた、今年は安かんべ」と言う農民に、「今年は北海道が小豆の大豊作で……」などと言い、また「この大豆は粒がそろってなくてダメだ」などと買いたたくということでした。このようにして粒々辛苦した生産者である農民の収益が、商人たちのオート三輪によって運び去られているのでした。また、漁村ではスルメの盛んに出まわる時期に値段が暴落し、何ヵ月か貯蔵しておいて売れば遙かに有利と知りながら、その日のくらしに追われ手離している零細漁民の如何に多いかも知ることが出来ました。漁協におさめればなかなか現金が入って来ないのです。

岩手では「買った」ということを「とられた」という風に表現します。たとえば「この長靴五百円で買った」と言わずに「五百円とられた」と言います。しかし売った時は「五百円とった」とは言いません。私にはこの言葉が極めて含蓄のある言葉のような気がします。農民が商人と取り引きする時、常に不利な条件、つまり搾取されるような形におかれている、このことを「とられる」という言葉がまことによく表現しているように思うのです。

ところで、当の農民がこうした関係をどの程度意識しているものでしょうか。私は行商の旅で、こうしたことにふれた話は殆ど耳にしませんでした。しかし、ある爺さんが語ってくれたつぎの話は、折につけ思い出されてなりません。それは作柄について話し合っていた時でした。

「なァに、田畑にいたずらするものァ、カラスやスズメばかりでながんす。苗代にァ鴨がくるし、畑にァウサギだの山鳩がくるし」、爺さんはこう言ってから、「〝百姓ずものァ(百姓というものは)何にでも喰われる〟って言うども、全くだなァ」と、誰に言うでもなく言うのでした。

爺さんが〝百姓ずものァ、何にでも喰われる〟と言ったのですが、その〝何にでも〟の中に、爺さんは何と何を含めているのか、それはともかくとして、鳥やけだもの以外に、百姓を喰いものにしているもののあることは、年老いた爺さんにも何か身にしみているものがあるのでしょう。しかもこの言葉〝百姓ずものァ、何にでも喰われる〟は、この爺さんの造語でなく、なかば俚言化しているらしく思える点で重要な意味があると思わずにいられません。これは、ある人からの又聞きですが、ある農家の爺さんが「熊はよけられるが、役人はよけられねえがらなァ……」と、熊より役人の方がおそろしいと語っていたと言うことですが、農民がはっきりと自分たちを喰いものにしているものを、みきわめているかどうかは別として、ともかく体で何かを感じとっているのでしょう。その農民を喰いものにし、不幸にしているものは何々であるか、それがわかってゆく度合いによって国の政治や社会のしくみも変ってゆくのではないでしょうか。

さて、その頃私の長女が既に小学校の一年に上っていました。古着行商人、それは恥ずべき職業ではないかも知れない。しかし父親の職業が古着の行商人では……と考えないわけにもゆきませんでした。あれやこれやで私の足が次第に農村から遠のいてきた頃、知人の斡旋で就職することになり、今のつとめ先から出ている『岩手の保健』を編集することになりました。こうして私の行商四ヵ年の生活が昭和二十六年一月に終りを告げたわけです。

その四ヵ年の生活の間、妻は家でミシンの賃仕事にはげみ、そのミシンも他人から月三百円の借用料を出して借りたもので、一ト月の収益は千円内外、それに私の行商での収益で、どうやら生活を支えてゆけたのでした。その間に子供二人がふえ一家五名となっていました。ともかくこういうことで四ヵ年を懸命に働いたつもりでしたが、蓄えはおろか何一つ家財らしいものが用意できませんでした。引揚当時よりふえたものといえば、前記の子供二人と二、三の着換えと、書籍二百冊ばかり、これは私が古本屋を漁っては、四ヵ年の間に一冊二冊とふやしていったものでした。当時古本とは言え、生活の苦しい中で月四冊平均ぐらいの本を買ったのは何故だったか、自分自身ふしぎな気さえします。しかし今になって思うと、おれは行商人ではあっても、単なる行商人とはちがうんだ、その証拠には、こんなに本があるんだぞ、と自分に言い聞かせ、誰かに誇示したいためではなかったかと思うのです。つまりは私の劣等感がそのようにさせたのではなかったかと思います。

ものいわぬ農民

1　くらしの声を活字に

昭和二十六年二月、私は『岩手の保健』の編集者になりました。それからまる七ヵ年、いわゆるものいわぬ農民の声を活字にして来ました。「行商四ヵ年」が、私一人がとらえた農民の姿であるとすれば、この「ものいわぬ農民」は、岩手の無名の青年婦人たちとともにとらえた農民の姿であるといっていいかと思います。

雑誌は岩手県国民健康保険団体連合会（盛岡市桜小路三一一）の発行、創刊は昭和二十二年九月、現在（昭和三十三年二月）五十一号まで発行、部数は三千五百部です。

雑誌編集――それは私には全く始めての仕事でした。しかも編集者は私一人、何としても私一人で雑誌のページを埋める計画を立てねばなりません。私は県内の書いてくれそうな目ぼしい人、また県にゆかりのある在京人にも原稿依頼の手紙をせっせと書きました。こうして集った原稿、それは原稿を書き馴れている人が多かっただけに、よくまとまった原稿でした。しかし、行商生活で農村を歩きまわった私には、農民に訴える雑誌として、如何にもそらぞらしいものに思えてなりませんでした。もっと農民に身近なもの、それは何か、私はいろいろと考えてみました。すると何か思い当るものがありました。それは私が行商の旅できいたいろり端の話、その話の中にこそ、農民のくらしや、そのものの考え方が、そのままに顔を出していたのではなかったか、それをこそとり上げるべきだと思ったのです。

いろり端の話――それは言葉のやりとりですから、まとまった話というより、きれぎれの言葉が多いのです。そんなきれぎれの言葉の中にあざやかに思い出されるものがあったのです。それはどんな言葉か？と聞かれても、ちょっと抽象的には言えないのですが、たとえば、ヨメさんたちが行商人に「誰もいながんす」と言う言葉、また「体の疲れは寝ればなおるが、気持の疲れは寝でもなおらねぇす」、また婆さんたちが言う「おらァ、ただいて貰って食ってるがら」、また時計が止っているのを「時計稼《か》しぇがせろ！」と言う言葉、また作物が雑草に負けているのをみると「いま、おれァ草っコとってやっから」と言う言葉、そういう言葉です。つまり日頃の生活の重みが体にしみこんでいて、それがふっと口をついて出たような言葉だと言ったらよいでしょうか。そんな言葉をなんと呼んでいいのか、適当な言葉が思いつきませんが、かりに〝くらしの声〟とよぶことにしましょう。私はそのようなくらしの声をこそ数多くとり上げ、それを土台に農民の生活を考え合ってゆかねばと思ったのです。何故ならそういう言葉

の背後には、その言葉に対応する生活があるのですから。しかし、では一体どのようにしたら、〃くらしの声〃を集めることができるのか、それは見当がつきませんでした。そこで私は、中央から出ている保健関係の雑誌が一体どのような問題をどのように扱っているのか、いろいろ読みあさってみました。

「妊産婦の衛生」という記事を読んでみると、妊婦は重いものを持つなとか、食べものは栄養分のあるものをとか、とくにカルシウム分を、睡眠時間は多くとらねば、とか書いてあるのです。まことに御尤ものことにはちがいないのですが、岩手の場合、これらの注意を実行できるヨメさんが幾人あるのだろうか？「くせやみ（つわり）でひでくても、〃なァにわれァ（自分が）おもしぇごどして腹大ぎくしていて……、ワラス産《な》せばなおるもんだァ〃と、言われるので、腹が大ぎくなればなるほど稼ぐのす……」と言っていた、ヨメさんたちの顔が浮かんでくるのです。

「離乳について」の記事をみると、離乳は生後六ヵ月目頃から、どのようなものを、どのように調理して与え、誕生日を迎えるまでには完全に離乳しなければならない、と懇切に記してあるのです。しかし私はまたしても、行商の旅で見たつぎの情景を思い起すのでした。

秋も末近い一日、いろり端に子供たちが母親の帰りを待っていました。ガラッと戸口があいて暗がりから大根を背負って入ってきたのがおっ母さん。四歳ぐらいの男の子が「あっ、アッパ(母ちゃん)だ、アッパだ」と叫び声を上げ、はだしのまま土間に飛びおり、母親の胸ぐらにしがみつき、お乳にぶら下るのでした。

農村の子は何故おっぱいから離れようとしないのか、それは母親の愛情に餓えているからではないのか、私が見たあの子はきっとおっぱいを吸っていたのでなく、母親の愛情を吸いとっていたんだ――私はそんなようにも思うのです。

たった四ヵ年という私の短い体験で、見ききしたものから考えても、中央の雑誌は、全国対象だからそれでよいとしても、地方から出ている雑誌すら、如何にも御尤もの記事ではあるにしても〝ゴムリ御尤も〟の記事であることか！と思わずにいられませんでした。

そこで私は、ある農村に出かけていきました。村の婦人会に頼み〝婦人の生活問題を語る〟座談会を開いてもらい、それを記事にとることにしたのです。ところが、その座談会では「ヨメ姑問題はもう過去の物語になっている」「ヨメが睡眠時間が特に短いなどということはない」「物を買うといったって自由に買えるように財布をまかせられている」、こんなような話が出ました。どうも私の行商体験で見た事実とはあまりにもかけ離れているのです。ところが座談会がおわって会長さんに伺ってみたら、集った人々の三分の二の十人ぐらいは、家つきの娘さんで、ムコ取りのヨメさんだ、ということを聞き、なるほどなァ、と思ったのでした。ヨメさんにはそういうところに出る自由もなければ、また出たにしても発言の自由がないのでしょう。これではダメだと思った私は、村役場の人に案内してもらって個々の農家も訪ねてみました。なるほど、座談会での話よりは本音らしい話がでるのです。しかし私は何かもどかしさを感じてなりませんでした。ある家では、夕食を馳走してくれました。米のメシに、さしみ、お吸物、それに清酒までついたお膳です。行商時代だと、おそらく稗のメシに大根のガックラ漬を出してくれたような家がです。私はハッとしました。そうだ、御馳走が稗のメシから米のメシに変っているように、話そのものも来客用なんだなァ……、そういえば行商時代の、いろり端—稗メシ—どぶろく、という形が、今は、座敷—米のメシ—清酒という応待に変っていたのです。現実にある問題を問題とする雑誌を本気に作ろうとするのであれば、雑誌記者ではムリなんだ、としみじみ思い知らされたのです。ではどうすればよいのか、こう考えていくとまたわからなくなってしまうのでした。

その頃私はこんな反省をもったのです。私が山村教師時代〝先生さま〟とよばれ、農家の人々から親しまれ、心おきなく語り合ってもきていたつもりでした。しかしそれも所詮は来客用の言葉を耳にしていたのではなかったか、またその後渡満し、匪賊の討伐工作時代、よく使った〝民衆〟という言葉、その言葉に私だけが民衆の外に高くかまえていたような思い上りがなかったか……と。こう考えつくと、民衆のための雑誌、それは民衆の外側にいる人でなく、民衆の内側の人によってのみ出来るのではないかと思ったのでした。

2　農村から学ぶこと

私はその頃、座談会を開いては失敗するし、役場のおえらい人に案内されての家庭訪問では来客用の言葉しかきけなかったし、それで改まらない形で、行商人時代の私みたいに、ごくしぜんに村人に接する方法はないものかと、いろいろ考えてみました。幸いに私には雑誌編集の外に、村の保健婦さんたちの相談相手としての仕事があって、何人かの親しい保健婦さんたちがいる、しかも村人の一人となりきっているような保健婦さんが。そうだ、その人たちが家庭訪問する際、お供させてもらおう。村人に対しては、保健婦さんから「この人は盛岡から来た人でネ、保健婦の世話役やっている人だけど、保健婦の仕事ぶり見たいって言うからネ」、こんな風にでも紹介してもらおう。

こう思った私は所用があってある村に出かけた際、村の保健婦さんの家庭訪問にお供して農家を訪ねてみました。そこで私はこんな話をきくことができました。それはエジコ(嬰児籠—わらでつくる。真夏は竹製のものを使う家もある)についての話です。その前に赤ちゃんの発育に重大な障害があると言われるエジコのあらましを書いてみます。

岩手県、特に県北では殆どの赤ちゃんがエジコで育てられています。しかも暗い台所の隅や納戸の隅などにおかれて、このエジコがくる病の原因になると言われ、ある地区の保健所の調べでは、ある村の赤ちゃんの半数がくる病、またはくる病体質になっていたと報告されています。こんな病気を招くエジコを使っていることが〝農民が無智だ、衛生知識がない〟という証拠によく使われているのです。しかし当の農家の人々も、布切れで赤ちゃんの体をくるみ、すっぽりと身動きも出来ないように入れておくエジコが結構なものだとは思っていないのでしょう。「〝焼痕は残るが、泣痕は残らない〟って言うからなァ」と、語っていた爺さんのあったことでもわかるのです。つまり都会のように、ふとんにねかしておいたら、大人たちが野良に出た留守中に、ふとんをけとばして裸になり風邪を引くこともあり得るでしょう。這いまわっていろりにころげ、やけどをすることも当然おきるでしょう。野良仕事で手のまわらないおっ母さんたちに代って、赤ちゃんを危険から守るために、エジコが生まれ、そして普及していったのだと思うのです。

「では、せめて陽当りのよいエンガワにでもおけ」という人もあります。このことだけは私も同感でした。しかし私は、無智だといわれる農民にしろ、自分の子供を弱く育てようなどと思っている筈がないのだし、そこにはそれなりの理由があるのではないかと考えたのです。そこで農家のおっ母さんたちに「子供に日を当てないとくる病などになると言うんだけれど、どうして暗いところにおくもんですか」ときいてみました。

「明るい所《どこ》におくと、ハエがたかってわがながんす(ダメです)」

「おら家《え》にァ、小《ちっ》ちゃいワラスがいで、明るい所《どこ》におくと、われァ(自分が)食べていた桃だの、リンゴを赤ん坊の

口に入れだりなんかしてなス、暗い所《どこ》におくと、そんなごどはしながんす」

「明るい所《どこ》におくと、おらをすぐ見つけて、はなさない気になって泣いでなス、泣ぐのをかまわねえで、畑仕事さ出るのァ、むじょくて(不憫で)なス」

こんなわけで、暗いところにおくのでした。もちろん、大部分のおっ母さんたちは、陽に当てないと、くる病などになる危険のあることは知らないのかも知れません。しかし、だからと言って暗い所におくことを、単に〃無智だ〃と片づけていいものだろうか？　不合理だ、無智だとみえる生活の中にも、やっぱりそうせずにいられない理由や、また合理性もあるものだなァと、しみじみ思ったのです。

更に、おっ母さんたちが次のようなことを教えてくれました。

「エジコだと、畑仕事から帰ってきたとき手を洗わねえでも、チチコ(おっぱい)のませるによがんすもス(抱っこしないでのませることができるから)」

「冬ァエジコだと暖くて風邪《かぜ》コ、引がねくてよがんす」

「エジコの下に丸太ッコおくと動がすによくてなス」

「エジコだとオシメ三枚ぐらいで一日間にあうす」

このさいごの、「オムツが少くてすむ」というのは、ちょっとわかりませんでした。そこできいてみておどろいたのです。エジコの中は一番下に灰、その上に藁くず、またその上には葦草を扇形に編んだものを入れ、更にその上に一枚のオシメを敷いて、赤ちゃんのお尻をその上にのっけて坐らせる、そこで小便などしても葦草を伝って小便が下の灰にしみ透ってゆき、一日たった三枚のオムツでも尻がただれることもなくて、間に合うというのでした。無智の標本の引合いに出されるエジコに、このような温いおもいやりが忍ばされているとは全く知らずにいたのです。農家のおっ母さんたちのおかれた立場――ヒマがない、金がない――の現況では、エジコが赤ちゃんの発育にいい悪いは別として、これ以上の優れた考案がむずかしいのではないか。私にはそのようにさえ思えたのです。おそらくこれは長い間苦しい生活の中で、赤ちゃんを守らねばならなかった人々の智慧が生み出したものでしょうから……。

以上はエジコ一つの問題についてですが、その他にも、その土地々々に、そこでなされている生活の中から生み出された、すぐれた生活のしかたがあるのではないか、私は啓蒙などというより、まず農民から学ぶことの方が先ではないかと思えてきたのでした。

3　農民の声で農民に訴える

素人編集者の私のつくる雑誌は、号を重ねていってもさっぱり見ばえがしませんでした。体裁はもちろん内容も、一体何故こんなにも訴えるものがないのか、私はその頃、満洲時代の蛸井さんの言葉「農民のよろこびや悲しみ、それに応えるために立てた方策、それ以上の方策はこの地球上にあるか！」また「一雨一億両！　百姓はよろこぶなァ」といった言葉が思い出されてなりませんでした。私は一体誰に応えようとして雑誌を作っているのか、そんなことをくりかえしくりかえし思ったのです。と同時に蛸井さんがコツコツと農民の声を集めつみ重ねていたことを思い出しました。

そうだ、ともかく農民のくらしの声を雑誌の片隅に流しこんでいけばいいんだ。そしてそれを逐次拡大してゆくにかぎる。こう考えてみて、今までの雑誌をふりかえってみると、〃くらしの声〃を大事にと考えながらも、あまりその声がでていませんでした。

「農村の母親は過重労働故に調理時間にも育児の時間にもめぐまれていない」と書いても、何故「おらはァ、忙しくてス、マンマ炊ぐのもワラスみるのもホマヅ仕事(片手間仕事)にしてるでなス」と農民の声で書かなかったのか、「農家のヨメには発言権がない」という代りに「〃嫁ゴは三十まで口要《い》らぬ〃って村では言ってるもす」と書かなかったか、また「ヨメは単なる労働力である」と書く代り「おら家《え》では稼《かせ》ぎ人《と》少くて、それで今度仕事師（ヨメのこと）貰ったす」と書かなかったのか。農民の声で農民に訴え、その声を元にして、農民共々に、そうした言葉の出てくる背後の生活を考え合い、深め合っていけばいいのだ、またその方が農民にとって他《ひ》人《と》ごとならず身にもしみ、自分たちの生活を考え意識してくれるのではないか、その生活を意識する度合いに応じて、生活の中に合理性を求める度合いも高まっていくにちがいない。

そこで私は、農村に出かける機会があるたび、つとめて農家を訪ねて歩きました。もちろん、村人になり切っているような保健婦さんとか、学校の先生たちといっしょにです。そしてただよもやまの雑談をして帰るだけですが、そのいろり端の雑談の中にいくらでもこのままでは立消えにさせたくない言葉を感じるのでした。そこで私は、その消え去らせてはならない言葉をそのままに、どこそこの村で耳にした話と村名を入れて雑誌に掲載していきました。この村名を入れたのは、その地域の人々が、身近かな思いでよんでくれもし、またこんなことも問題なのかと、自分たちの日頃の生活をふりかえってみてくれるのではないか、また、そんなことが問題なら、外にもこんなことがあると知らしてきてくれる人も出るのではないかと考えたのです。こういうことを期待しながら、自分で拾い上げた農民の声と、その中に含む問題点と思われる感想をつけて活字にして行ったのです。それはもちろん私一人なのですから、六十八ページの誌面の中に、あちこちにちりばめた程度です。ともかくそのころは原稿を集めることと、農村あるき、自分での原稿づくり、アクセクとしごとをやっていきました。

4　解決策を示せ！

編集者生活も一年過ぎ二年も半ば過ぎた頃になって、雑誌にもいくらか反響がでてきました。雑誌に対する感想や批判です。最初は殆ど県外の人々(在京人に送っていたのです)また県内のインテリ層の人々のもので、「現実にふれたすばらしい出来だ」などとほめてくれるようなものが多かったのです。一方私は、村人になり切って仕事をしているような保健婦さんたちに、その頃ずいぶん原稿依頼の手紙を書きました。農家のねどこの隅や腹工合(経済生活)まで知っているのがこの人たちですから。しかしどうしたことか、貰った原稿をみると「本村の保健状況は劣悪である。ヨメの地位がひくく、育児の時間がめぐまれぬために……」などと、おえらい人達が書くような文章で、そこには農民の姿や感情が少しも伝わってきません。それなのに会って話してみると、実に農民のくらしの隅々まで知っている、それをそのままに何故書いてくれないのだろうか、私はいろいろ考えてみた結果、たとえば原稿の中に「受胎調節の座談会に村の婦人たちからいろいろおもしろい話が出た」というだけで、そのいろいろの内容が出ていない場合は、「そのいろいろとはどんな話だったでしょう、村のおっ母さんたちが話した言葉のまま知らして下さい」というようにお願いしました。こうして知らして来たのをみると、まことに生き生きした話が交わされているのがわかるのでした。当時私は村人の声をそのままに活字にするために、せっせと手紙を書いたのです。こうして誌面に次第に村人の声が多くなっていきました。もう私が編集を始めてから三ヵ年ぐらいたっていました。

その頃になって雑誌に対する批判が多くなっていきました。そのいくつかを上げると、

農村の切実な問題点をとり上げて扱うことは誰でもできる。問題はそれをどうせねばならぬかというところにこそ問題がある。『岩手の保健』は農村の悲痛な問題をクローズアップするだけで、それに対する対策については何も示していない。このことは農村を思う愛情がないことを証明するもので、むしろ農民を愚弄するも甚だしいものというべきである。

(一公吏―盛岡市)

悪口を言うわけではないけれども、雑誌の体裁からいっても執筆者をみても、中央から出

ているこの種の雑誌と比較し数段の差違があって、ちょっと手にとってみる気にもなれない。もっとあかぬけのした体裁にし、優秀な執筆者を求めなければ発行の意味を失うだろう。（S・N―盛岡市〔公吏〕）

その他「暗すぎて雑誌を手にとるのも嫌だ」「保健雑誌から逸脱して、出来の悪い綜合雑誌化している」「編集者が思想的に危険性がある」「保健雑誌に何故医者に筆をとらせないのか」「編集者は何が保健問題か知らないようだ。頭を低くして先輩の意見を聞いてまわれ」等々、これらには善意よりも悪意にみちたものの方が多かったようです。

しかし、そうした状況の中で私を慰めてくれるものは、それらの批判はすべて都市からの、しかもそれが殆ど公務員であり、農村からのものは一通もなかったことです。ところがそうした非難が多くなるにつれて、賛成者も多くなっていきました。

私は右のような非難のたよりがあればそれを必ず雑誌に掲載したのです。するとあちこちから力づけの手紙がとどくのでした。中にはノートの端切れに〝編集者よがんばれ！〟と書いた村の青年たちの激励もありました。その紙はいろり火に茶色に燻んでいました。また「私たちの身近かの問題をこのように考えて下さって」と言う婦人たち、「今日とどくか明日とどくかと、毎日雑誌のとどくのを待っています」「毎号一字も逃がさず、少くとも四、五回はよみかえしていますと言う青年たち、土方に出て作ったという金を同封して「一日も早く送って下さい」と言って来た青年、開拓地のおっ母さんからは「となり近所の人三名と話し合い、大豆《まめ》を出し合って売った金で共同で一冊買うことにしました」と言ってきました。こんな手紙を手にする時、四十も半ばに達した私が、全く乙女のような感激と共に、このような人々と共に農村の問題を考え合い、その人々のくらしの声を活字にしてゆける幸福をしみじみ感ずるのでした。

私は一公吏からの批判、「悲痛な問題だけをクローズアップするだけで対策を示していない。このことは農村を思う愛情が欠けている証拠で、むしろ農民を愚弄するものだ」をいろいろ考えてみました。もちろん愚弄するなどというのは心外の言葉にしても、「対策を示していない」と言われればたしかにその通りの感じもする。また他の人々からも〃対策を示せ〃の声がある。どのように示せばいいのか、私自身にはもちろんその力がない。中にはその道の権威者から方向を示してもらえとの注文もあってみれば、一層このままではと不安も出てきたのです。しかし実際問題として考えてみる時、果して、岩手の現実の生活に即して、正しい方向づけのできる人を求め得るだろうか、たとえそういう適任者があったにしても、赤字つづきの雑誌で可能であろうか。そこでいろいろ考えつづけている中に、現在のままでいいのではないかと思うようになっていきました。現実は簡単に割切った結論が出るようなものでないのだし、それをすっきりした解決策を示すことは、たとえ権威者であったにしても無理が伴うことだ。しかも読者が、その説を権威者なるが故に無批判に鵜呑みにする危険もないではない。その結果現実に目をそらして簡単に割切って考えてしまう。だとすれば、無名人がああでもない、こうでもないと自分で自分なりに自分たちの生活をみつめながら、一人でも多くの人々と考え合ってゆく——その方が、より各自の考え方を現実に即して育てる結果になるにちがいない。つまりは自分たちの身近なところにこのような問題がある——ということをお互いが確認し合うことだけでも十分の意味があるのではないか、いや、そのことが先行されるべきだと考えられてきたのです。

5　農民のためのいろり端

私はその頃、ある人から、こんな話をきいたのです。村に栄養料理の講習会があって、それに出席する娘たちが「今日はハァ、一日遊ばねぇばなんねぇな」と言いながら、出かけていくのに会った——というのです。私はひどく考えさせられずにいられませんでした。

何故「勉強するに」と言わずに「遊びに」と言ったのだろう。私は村のおっ母さんたちから、きいた話を思い出したのです。作り方は習っても村にはそんな材料がない。あっても作る暇がない、金もない。カロリーだビタミンだと言われてもよくわからない。結局手持の材料で自分たちで出来ることしかできない、といったことでした。これが本当だとすれば栄養料理の講習会に出席することが、役立たないことになる。そこでこそ、「遊ばねぇばなんねぇ」ということになったのではないか。

私はこの話と雑誌の問題をむすびつけて考えたのです。やっぱり日常使っている手持の材料(いろり端の話)を持ちよって、自分たちで出来る調理方法(自分たちの現實のくらしの中で實行の可能な方法)を考えてゆけばいいのだ。つまりおえらい人から問題を持ちこんでもらい、おえらい人からお教えをいただくのでなく、自分たちの身のまわりにある問題を自分たちで発見し、それをお互いで考え合ってゆくことの方が、より大事なのではないか、少くともこの方が先行さるべきだと思ったのです。

私はここまで考えると、肩の重荷が下りたような、そしてすっきりした気持にもなりました。私もその仲間の一人となって、ああでもないこうでもないと考え合っていけばいいのですから……。

この頃(四年目)になると、雑誌は農民のいろり端みたいになっていました。私が雑誌さえつづけておれば、誰かがだまっていても原稿をおくってくるようになってきました。その多くは藁半紙に書いた原稿です。ちょうどいろりに火を絶やさないようにさえしておれば、誰かが寄って来ていろいろの話をするように……。私は雑誌を農民のためのいろり端、誰でも自由に入ってきて自由に話し合えるいろり端にすればよいのだと思ったのです。

このいろり端に集る人はどんな人々かというと、おえらい人は殆どおりません。中にはヒゲもじゃの親父さんもいますが、二十代、三十代の青壮年、また若い娘さんたち、中年のおっ母さんたち、若いヨメさんは忙しいのかあまりみえません。学校の先生、保健婦さん、役場や農協の職員、学生たちです。最初は閑散だったいろり端が、この頃は、座席(原稿)が常に満員といった状態になっています。

ではここでどんなことが語られたでしょうか。

6　農民がこのように語っている

私は以上のような感じで、この七ヵ年をコツコツ農民のくらしの声を活字にしてきたわけですが、以下今までに延べ五千人を越える人々によって集められた農民の声をお伝えしたいので

何を嘆く？

す。しかし、その声の殆どが、具体的なくらしの声ですから、それを手ぎわよくまとめてお伝えすることは、私の力ではどうしても不可能です。また下手にまとめると、生き生きとしている農民の姿が、とたんに死人のように表情を失ってしまうのです。そこでまず、何名かの農民にくらしの言葉で語ってもらい、一応生きた農民の姿にふれていただいた上で、後を農民の声をちりばめながら私の筆で書きすすめたいと思います。

読者の皆さん、前ページに掲げてある写真をどう見られますか。この写真は、編集部出題の〃この婆さんに語らしめよ〃に用いた写真で、これに応えてある読者は「私の近隣の婆さん——釜石市の空襲で長男夫婦を失い、四年経て夫を失い、六十才の身で、生き残った孫五人を養うため、水田四反、畑四反を自分の末っ子に当る娘と、生死不明の異国の地にある息子の帰国を信じて働いている——が炉端で語っていたのを想起し記した」と次のように記しています。

「一年ぎりにおらも体動がせなぐなるし、それさ外のごどから中のごどまで、六十ばさまが頭《かつしや》でやんねぇばなんねぇどなれば、苦労《おじやね》なごど、なみたいていのものではながんすだよ。そんなこんなごど考えると、おらほんとに、夜《ゆま》も苦で苦で一寝《ひとね》とねるが二寝《ふたね》とねだごどがながんす。そして一人で運のねぇ奴だ。世の中におれみでぇな奴あんべぇか、なにして俺ばり残していったんだべと、仏さまに悪口ばりすんのす」

また、貧しいくらしの中を、胆石症の手術をうけ、入院費が払えなくなり中途退院した婆さんが、自分の身をどう語っているでしょうか。

「おどっちゃ(とうさん—自分の息子)出稼ぎに出ねぇばなんともならねぇし、あと一回手術するには二万円も要《かが》るず話だし、到底《とっても》もう一度病院さ入《せ》でけろって言えねぇのす。役場さ行げば、おれみてえな貧乏人さは、医者さまさ無料《ただ》でかけて呉《け》るず話だども、おれみてえな年寄《とそり》が役場さ行って話もできねぇし、『あったな(あんな)年寄《とそり》死んでもよがべぇに、病院さ入《へえ》りてぇどや』って笑われるべぇど思って行げねぇのす」

これらの言葉をどのようにお読みになったでしょうか。「一寝とねるが二寝とねたことがない」と深夜目ざめて後はねられぬままに一人で「運のねぇ奴だ」と嘆いている婆さん、また医療扶助を受けられるのに「〃あんな年寄死んでもよがべぇに、病院さ入《へえ》りてぇどや〃と笑われるべぇ」と自分を卑下してくらさねばならぬ婆さん。こういう現実を私たちがどのように考えたらよいのでしょうか。

また、八十四歳になるという婆さんのつぎのような欝憤、それを老の身のくり言として消え去らしてよいのか。

「選挙には、これからまったく行く気すねえ。おら若《わげ》え時ァ、税金一ぺいおさめた旦那殿でねえば、選挙されねえもんだっけ、戦争に敗けたお蔭で、おらにも選挙させてけるずと(くれると)思って、今までかかしたごどねがったども、〃税金を安くしてける〃の、〃としよりは死ぬまで大切にしてける〃ずだし(と言うから)孫だちから手習いして行ったども、空法螺《からっぼら》ばりで、酒コ一ぺい(饗応の意でない、報いられないの意)になるわけでねえす。

おら十五になる時、この家《え》さ、嫁ッコに来て、ひどい姑につかわれで、ごで爺(夫)は若《わげ》え時から、村役(村議・区長など)だ何だって、仕事もしねえでぶら〱して、おら一人でかせえで、着物《もよ》も脱《ぬ》がねえで二時間も休んだか？　そのくれえにして働いでも、税金も払えねえで、執達吏に畳まではがされた時もあるっけ。婿《もこ》ももらって孫達も一人前になり、今度《こんだ》ァらくになるど思ったば、孫は戦争さ連れて行《え》かれ、ニューギニアず所《どご》で戦死して、骨箱さば板コ一枚入れてよごして、今ァ、なんぼか金コは下るずども、人の子ども殺して、金さえやればそれで良《え》いったみてえにしてけずかるもんだ。おら若《わげ》え時から酒コ飲むの何よりの楽しみで、この年になってがら、やめるもできねえし、さらばって買っても飲めねえし、家《え》の人達さかくして酒コ作ったば、秋頃《あきえ》税務署来ておしゃられ(検挙され)て、この歳で盛岡までひっぱられて叱《く》られで〝酒ば買ってのめ〟ど言われだす。なじょにしてこの年寄五百円もする酒コ買って飲めるべァ。人の家《え》の働き手ば殺して、それでなくても、かがりかかる(家計費がかさむ)って毎日の叱言だ、罰金ばようやく出してもらったども、われのものわれが作って飲んだって何悪《わり》じゃ。役人等《ど》ばり、何ぼもあずかって(数多くやとって)年寄いじめするようなことばりして、酒コだって税金ばりであんなに高価《たげ》ぐなっているもんだずでねえか？　それでて買って飲めず(という)ような、あんたな奴等など、一人も頼まねくてもいいって言ってら(と話している)……」

夜の明けも、日のくれも知らぬげに、炉端でつくねんとくらしている婆さんにしてこの怒りがあるのです。このような婆さんの声を、だれが一体親身にきいてきてくれたのでしょうか？ものいわぬ農民も、決して常にものいわぬ農民でもなく、また物思わぬ農民でもないのです。

また、ある農家の親父さんが、村役場の農民の立場を考えぬ税金のかけ方に忿懣をのべた後、

「とるごど(徴税)にかけては、ひまなぐ来るもんだ。補助金だのなんだのって、おらさぜニッコくれる時は、三年もかがっての上、なんの分かんの分と名前つけで差引いで、税金おくれると利子つけるくせに、われ(自分)だち払うどきには利子つけだごどもねぇ。それでも、まだ税務署よりはいいけんど、税務署にかがっては、下手くせい話も語られねぇ。へんかでもかえし(抗議する)たもんだら、それごそ大変、なんのかんのと収穫《とり》もしねぇ分まで加算されっから、税務署の語る通り納めだ方が得だもんな。所得のやり方(算出方法)も毎年変えられっから、百姓はさっぱり覚える暇がねえ。そいず仕事にやってる奴ら(税務署員)にはかなわねぇから、てえげえの人はわげもわがんねぇで、ごっそりごっそりと取られでしまうのさ。ほんとうに泥棒よりひでえでば、泥棒なら泥棒と思うけんど……」

ここに農民の忿懣が炉端だけで消えさる原因が示されているようです。

また、貧しい農家のおっ母さん(五十三歳)は、婦人会主催の「栄養料理講習会」「ヨメ姑のあ

り方についての講演会」開催費用として、大豆一升ずつ徴収されたことを批判し、
「学校で子供の通信簿ァ、家《え》の人達でねぇと渡さねぇって言うだし学校さ行って来たのす、そしたら誰言うどなく、先《せん》頃《どな》の豆っコ一升の話が出でなス、おらァとなりに坐《ねま》ってる人ど、しゃべったのす、『おらだって、ライスカレーさ肉コ入ればうまいごどば、おべぇてるども、さきに立づゼニッコねえばかりに入れねぇのす、ヨメと姑と仲よぐするず(という)ごどもゼニッコさえあったら、誰もケンカする人ァねぐなるでねぇがって』なス。まず豆一升出すより、豆コ一升分のゼニッコをなじょにがして家《え》の中さ入れるごど先でねがべがなス……」

いろり話には、痛烈な批判があるように思います。それも殆どいろり端の話として消え去って行っているのでしょう。何故そういう批判が表には出てこないのか。前にあげた婆さんが、医療扶助を受けられる身でありながら、「〝あったな年寄死んでもよがべぇに……〟って笑われるべぇど思って」と、言い出せない卑屈感、そのような卑屈感もありましょう。また実際にそんな声を親身にきくどころか、〝貧乏人のくせに〟という白眼視、いや圧迫もあるのでしょう。そうであればあるほど、私たちはこうした人々の声を消え去らしたくないのです。

つぎをみれば、右の事情がうなずけるような気がします。これは貧農の戸主(五十五歳)の声です。

「いつも苦しい苦しいで、さっぱりわけわがらながすよ。みんなのように裕福にくらせれば、なんにも心配《あんつこと》ながすべども、正月ァ来るど、家でも餅ついて、せめて子供だけにも食わせべがと思ったりしあすども、正月の今日から金がないし、なんにも無いにつけても、家内中丈夫で稼ぎたいと思うだけでがす。夏になれば、稼ぐごどより米をどっから借りて秋まで暮らすべか、子供の学用品もどうしたらええんだか、あんだこんだで(あれやこれやで)仕事の方さは身が入らないようなわげしゃ、心配《あんつこと》とんまいものも食えないがら、みんなより仕事はでぎながすも、朝おそぐまでねて、ゆっくり動《うご》がねえばからだがもたないのす。そんで(それで)仕事もおぐれで苦しくなる一方でがす。秋のものとってみたものの借金さむけるので、とったという名ばがりでがす。この位の金があったら、一年中なんぼよがんべえなァと思ぇあすとも。とったというのは名ばがりでくらしているもんだからなァ――冬になって金稼ぎに出るのも、年とれば出来ながすし、わら仕事位してねうちのない暮し方するのでがす。

遊び日にも皆と同じに遊ぶのが、世間への気がねで出来ながすし、野良着を着て、世間にかくれて半日ぐれえ家の中で遊ぶのす。おらァ稼いでるということをちゃんと(はっきり)見せなければ悪いような気がするのっしゃ……。

なんとかしてその日その日をこど欠がないで生きたい——それだげでがすのっしゃ。

そんでも年中通して楽しみにしているのは、収穫《とりいれ》でがす。米とれれば米なんぼか食べられるし、麦とれれば麦はなんぼか食べられあすから……」

これが貧農の一年の生活であり、これが繰りかえされ年ごとに苦しくなってゆくという。だがこの循環をたちきるべく〝世間への気がね〟を捨て、新規に何か変った仕事を始めることは「その後で、なじょにされるか、なじょな噂たつか、おっかなくてやられながす」という。そして唯一ののぞみは子供にかけられている。「おらァこんなに貧乏してでも、子供のごどだけァ、これだけァ頭からはなれながス……」、これが貧農の述懐なのです。「心配《あんつこと》とんまいものも食えねえから、みんなより仕事が出来ない」、こうなれば、心配することはもちろん、なるたけものも考えてみたくなくなるのでしょうか。

つぎは、口の悪いので有名な村長と村の小学校長と一人の農民とが、バスを待ちながらの雑談です。

村長　ところで、中学校で収穫した米どうしたじゃ。

校長　この間、感謝祭で生徒さ餅ついてくわせだから無ぐなりあんすたべ。

村長　生徒さ食わせるのはなんぼ食わせでもいいが、先生等《せんせいど》食うなぞ。

（居合わせた農民、ニヤリと意味ありげに学校長の顔色をうかがう）

校長　いや、なんぼなんでも先生等食いませんよ。

村人　四俵も米とったず（という）話だが、生徒等《わらすど》もかせぐもんだなス、えれいもんだ。

村長　なんでも先生等さ、一升百円で売るず話だがやめろ、供出せ供出。超過供出として勘定せば、なんぼ学校の米でも百八円に売れるんだがらな。中学校長さ教えでおげ。

校長　良がんす。百八円で供出して、百五円で闇米買った方ァ得でがんすオナ。

村長　それに、肥料も買わねばねえんだし、農具も買わねばねがんべ。肥料だの農具だのば学校の予算で買って、米売った金ば他の備品買うべ。そんたな百姓あるもんでねえ。教育委員会も馬鹿だオナ。

村人　本当《ほに》なっす、学校では、おら達とちがって、とれだのみんな丸もうけだオナ。おらだば、肥料代だ農具代だ薬品代だ、何だかんだって差引勘定せば何ぼも残らねんだオナ。

村長　一体、米の値段高いの安いのってさわいでるが、お前等《めえど》、とれだの(収入)と、かがったの(支出)、ちゃんと勘定してみだごどあるか。

村人　ねやねや(ないない)。だありゃ、小馬鹿臭《くせ》えや、足りねえにきまってるのす。せっかく米コ売って金が入《へ》ったのに、今までなんぼかがったがなんて勘定してだ日にゃ、命ちぢまりあんすべ。まんつまつ(まあまあ)、ボロ着て、稗メシ食って何とかかんとか生きているべすか。米コ売った時ァ売った時で、みんなもうけたような気持で喜んでるのす。

校長　それでゃ、百姓はいつまでたっても、うだつがあがらながんすよ。

村長　このへんの五反百姓は皆そうなんだ。米売った、大根売ったで金入れば、学校の先生達月給もらった時と同じような気持でいるのサ。

村人　全くでがんす。金コ入《へえ》れば、子供《わらす》のシャツだのタビだの買ってけで、ゼニッコなぐなればなぐなったで終りす。一々差引勘定してだら、いっつも(いつも)赤字々々欠損で生ぎでる空ねかべ。俺達《おらだつ》百姓ずものァ、昔から賢《さが》すぐなれば、良《え》いごど一つもねえのす。馬鹿だから百姓してんのす。村長さんだって農学校卒業《おわ》って百姓だけでゃ食えねえがら、村長さんすてべすか(してるでしょう)?!

一同　アハハ……。

――パリティ方式がどうの、生産費がどうのと、勘定すればするほど、農家経済の赤字がはっきりすることは、馬鹿だと自認する農民の頭にも分りきっているのでしょう。赤字の確認によってますます増大する精神的な重圧をこうむりたくないという貧農の悲しいあきらめ！　生活上の苦しみだけでもたくさんなのに、この上に精神的な苦痛をうけたら、もう生きる力がないという、そんな二重の責め苦にあうのは「小馬鹿臭《くせ》え話」だと言うこの貧農の言葉を誰が笑うことができましょう。

ある村の貧農の娘さんがくれた手紙の一節に「村の下積みになりくらしている私たちは、考えていることも人まえでは言えず、ただ家の中で誰かに当りちらすのが関の山、これ以上自分の生活をよくしようなどとは及びもつかないことなのです。できるだけのぞみを小さく持つことによって生きています」。このように、のぞみを小さくもつことによって、あるいは当然にのぞんでいいことさえものぞまずに生きている人もいるようです。

ある中農の婆さん(七十四歳)が、秋の刈入れも終った一日を近くの温泉に湯治にいって、疲れを洗い落し安堵したひと時、旅館主とつぎのような話をしています。

「まんず、この歳して、忙し振りせねばならねえもなっす、嬶達田《かがだつ》さ出はって稼がねばねえし、おれは家《え》でままのごど(炊事)せねばねえし、ひるまは、ぼっとつぎ(ぼろづくろい)だのワラスみてるのす、目《まなぐ》もみえねえし、かんなっコ(糸)針さつづらねえ(通らない)し、ことだんちゃ。戸主《とど》から〃まんず、ばあさま、湯っコさいっておんじぇ(おいで)〃と言《そ》われ、この歳して歩いてきたもす、——お前達《めだつ》で湯っコさも入《へ》ったし、魚《さかな》っコも食ったしなっス。ただいて、貰って食って申し訳ながんすじぇ……」

金を払い客の立場にある婆さんが、湯に入《はい》れたし魚っコも食ったしと、ただただ低頭する心理は如何にも常識はずれのように思われます。

しかし農村の女性、特に婆さんたちの過去の生活、それは自己の働きに対し正当の要求ができるような条件ではなかった筈ですし、また要求をすることすら考えつかなかったのでしょう。この世に生を受けている限りは、働きつづけに働き、そして死んでゆく、それが人生の宿命《さだめ》だと考えてきたのでしょう。その故にこそ、湯治のひとときを、労働の当然の報酬と考えず、身にあまる恩恵として受取ったのではないでしょうか。

「ただいて、貰って食って申し訳ながんす」という婆さんの言葉、それは農村の働く女性の立場——つまり何らの代償を求めることなく、また求めようとする意識さえなく働きつづけている女性の立場を、代表して語ってくれたかのようにさえ思えるのです。

7　くらしの声の背景

読者の皆さんには、農民がどのような言葉で、どのようなことを語っているかを知っていただけたかと思います。そしてそのようなくらしの声がでてくる背後の生活は何であるかも、およそ見当がつかれたかと思います。しかし、なお一層、くらしの声の背後にはどんな生活が横たわっているかを探りあてるために、岩手の子供たちのくらしの声——エンピツをなめなめ書いたつづり方——を上げながら、その背後には何があるだろうかを更に考えてみたいと思います。

読者の皆さんも、それぞれの立場で考えてみていただきたいのです。

夜

（岩手郡毛頭沢小三年）

坂下一二三

ランプがつくころになると

ねぶたくなる
まんまくうより　ねたほういい

読者の皆さん、皆さんはこのつづり方の背後の生活をどのように考えられるでしょうか。私にはまずこんなことが思い浮かぶのです。夕食がおそいのではないか、食生活が単調なためではないか、またおやつのない子供たちがよくするように、冷たい稗メシを大鍋から、手にあまるような大ベラでよそって食べ、それで満腹していたのではないのか。私にはそんな背景が目に浮かぶのです。

私はまた、こんなことも思うのです。農家の親たちが、子供たちと遊んでやっているのだろうかと。実は私は農村歩きをしていてそんな情景を殆ど見かけなかったからです。ある村の保健婦さんが「この部落の親たちの、帰宅の挨拶はなかなか長いんですよ」と、こんな話をしてくれたことを思い出します。

農繁期ともなれば、親たちの帰宅がおそくなる。終日野良で働いて疲れた体に、それでも大根など背にしてわが家に辿りつく。ほの暗い電灯のともっているわが家から、空腹の赤ちゃんの泣き声がし、それに和すかのように小さい子までが泣いている。疲れ切った親たちはガラリと戸口を開けるやいなや、留守居役の子供(大抵は学童)に大声でどなる。「まんつ、なんたらご

親を待つ子

ったべぇ！（一体、何としたことだ！）火もろくに燃さねぇで、ワラスは泣かせて……。板はふいたか！　水も汲まねえでるでねぇか！」、留守居役の子供は、ただおろおろするばかり。農繁期ともなれば、このような怒声が親たちの帰宅の挨拶（？）となっているというのでした。そう言われてみれば、こうしたことはこの部落だけでなく、農繁期ともなればどこの農村にもあり勝ちなことに思えるのです。ではつぎのつづり方はどうでしょう。

おとうさん

(九戸郡観音林小六年)
平上ミツ

おとうさんは
まい日畑の草とりをしている
ゆうがたは　おそくなる
ゆうべも
ごはんたべる前にきて
「ああ、こわかった(つかれた)」といって
よこになった
「まんまけ(ごはんたべて)」と私がいったら
「んが(おまえ)さきにけ」といって
おきようとしなかった

「あんまり疲れるど、メシも食《か》れなぐなるす」と農民がよく言います。このつづり方は農民のそのような過労の状態を書いたのではないでしょうか。

うらしまたろう

（九戸郡観音林小二年）
ふるだて　かつあき

こくごで
うらしまたろうをならいました
ぼくは
うらしまたろうは　わかない（よくない）と
おもいます
おとうさん　おかあさんに
だまって
いつまでも
りゅうぐうで　あそんでいたからです

なぜ「うらしまたろうはよくない」と断言しているのでしょうか。この子供の家は、おそらくこの子供の小さい手をも待ち受けているのでしょう。学校から少しでもおそく帰ると、〝どこで遊んで来た！〟と、どなられる自分にくらべ、何年も遊びつづけていた浦島太郎——〝何とよくない奴だ！〟これがこの子供にこうしたつづり方を書かせた原因ではないでしょうか。おとぎ話に夢を託せる筈の子供が、何と現実的に浦島太郎をみつめていることか。このように子供の手まで期待しなければならない親たちの労働も、思いやられるのです。

つぎのつづり方はどうおよみになりますか？

あたまがやめた

（九戸郡晴山小一年）

三　上　克　子

よなかあたまがいたくて
ねむれなかった
わたくしから
あせがでて

かみが
ぬれました
そしてあさまでねむらない
おきてから
あたまが　しょんた(へん)になりました
がっこうにいったら
あたまは　やめなくなってきた

終夜、輾転としてねむれない子――おそらく「アッパ(母ちゃん)あたまがいたい」と訴えたのに、お母さんが目ざめてくれなかったのか、あるいは、常日頃体工合がわるくても、面倒みて貰えぬ環境の中で、じっとがまんする習性ができているのか、いずれにしても、こうした環境が、岩手の子供たちを、日本一多くあの世へ旅立たせている原因なのではないでしょうか。

さて、つぎは、

本代

古館ヒサ
（九戸郡観音林小六年）

けさ　おかぁさんに
「本代まだもっていかねえでいたへ（の）で
きょうもっていぐぁ」
といったら
おかあさんが
「きょうでなく　あしたもっていくんだ
いま　一銭も　ぜにっこ　ねえへ（の）でよ
きょう　組合さいって
豆うって　あした　もっていぐべすよなあ」
といった
ろばたにいた　お父さんは

だまって下を　むいていた
私は「うん」といって
かばんをもって　家をでた

私は子供たちのつづり方を、一万篇近くも目を通してきました。そして気づいたことは、農村の子供には自己主張が少いようだということでした。「雪がふってさむいへ(の)で、おらァシャツほしいなあ」このような〃なあ〃のついたつづり方が目についてなりませんでした。何故〃シャツをほしいと思う〃とはっきり書かないのか、〃ほしい〃といっても、とても買ってもらえそうにないからか、つぎのつづり方は何を物語っているのでしょうか。

学級費

高橋　アツ子
(胆沢郡細野小五年)

兄さんはいつもお金をはたる(せがむ)。「ソロバン買うからゼニッコけろ、エノグ買うからゼニッコけろ、学級費と貯金だすからけろ」と毎日のように言う。私は「なんたら小学校より中学校ゼニかかるなァ、中学校になるとひどい」と言った。すると兄さんが「そさや、かかるのァあたりまえだ」と言った。私はだまっていた。二十日の日私も学級費と貯金をもって行かねばならなくて、お金があるかと思ってお父さんにきいた。「父ちゃん学級費や貯金さ出すからゼニッコけろや」とこわごわ言った。するとお父さんは「なに、いつもかつもあんや(兄)ばりでもひでぇでば、あんべぇわりぐなるようだ」とどなった。私は自分で働いてためていたお金を持ってぶつぶつしながら学校にきた。私は学校に来ながら「ビンボウやお金のない人にはみなで出してくれるのならよかった」と思った。

このように、子どもの学級費や貯金にもこと欠き、〃ゼニッコ〃と言われると、あんばい悪くなるようなお父さんは、この子供のお父さんだけではないようです。私はこのつづり方を、ある農村のおっ母さんたちの集りで紹介したことがありました。「なに、いつもかつもあんやばりでもひでぇでば、あんべぇわりぐなるようだ」のところにきたら、皆が笑いました。しかし、その笑いは、あざけりの笑いではなく、同感の笑いのように感じました。よみ終ったら、ある一人のおっ母さんが誰に言うともなく、「おら家《え》のワラスも、学校に行って、あんたな(あんな)つづり方書いでるでねがべか」「んだ。おら家のワラスも」と同感者がたくさん出て、大笑いになったことがありました。親父さんも、おっ母さんも、息子さんも、ヨメさんも総動員で超過勤務で働いて、それでなお、学級費にもこと欠く生活、それが岩手農村の多くの人々の生活なのでしょう。この子供が「ビンボウやお金のない人にはみなで出してくれるのならよかった」と言う声には、この世の不合理をみつめる目が育っているように思います。

以上、子供たちのつづり方——子供たちのくらしの声の背後には、どんな生活が横たわっているのだろうか? 私なりの感想を記したのですが、読者の皆さんはどのように読まれたでしょうか。さて、子供たちのつづり方には、親たちの労働のきびしさ、そしてまた生活の貧しさが大きく示されていたと思うのですが、まず農民の労働のきびしさ、それは一体どんなものなのでしょうか。労働時間は何時間、そして睡眠時間は? という統計でもあらわせるかも知れません。ある人は、「労働のきびしさは、農民の午睡の姿によく表われている」と言っていました。あのいぎたなく眠っているその姿に、疲れがにじみ出ていると言うのです。読者の皆さん、皆さんは新聞で

つぎのような豆記事をごらんになったことがないでしょうか。

「赤ん坊窒息死　×月×日未明、某郡某村農××××さん(××歳)の長男××ちゃん(生後×ヵ月)は添寝していた母親の乳房で鼻をふさがれて死んだ。」

こんな記事は、今の私には殊更にも身に沁む記事です。岩手の場合、年間五十件にも近いほど見当るのです。私には、この記事こそが最も農民の過労、労働のきびしさを表わしていると思うのです。なぜならこうした事故が都市では殆ど起っていないからです。おそらく労働のきびしさが仮死のような状態の睡眠におとし入れているからではないでしょうか。しかもこのように乳房で圧死させるおっ母さんたちが、年間わずか？に五十名だったたにしても、このかげにはこうした事故を起しかねないおっ母さんたちが、その何十倍、いや何百倍かあるにちがいないのです。ある農村の受胎調節の座談会で、あるヨメさんがつぎのようなことを言っています。

「保健婦さん、おらど(私たち)にばかりでなく、おやじ(夫)教育も必要でがんす。農繁期の時などァ、目覚めて始めて解りあんす。ばんげ(夜)クタクタに疲れて何も知らないこともあるのす。そんたな時ァ、ほんとにおやじ憎らしくなりあんす」

この言葉にも、その睡眠の深さ、そして、労働のきびしさが窺えるのではないでしょうか。

農民の労働がきびしいのは何故か、それはそのように働かなければくらしが立ちにくいような貧しさ故でしょう。どんなに貧しいのか、それは今までに書いて来たことですし、改めて書くこともないと思いますが、ある婆さんは「おらァ、死んだガキばがりしょって医者さまさ行ったもんだ」、八人生んだ子が五人、医者にもみられずに死んでいったのです。瀕死の急場になっても医者の門をくぐれなかったほど貧しかったのでしょう。全国第一の乳児死亡率の高さが、岩手の貧しさを最もよく象徴していると思います。

しかし私は時々次のようなことを思うのです、農民がほんとうに貧しいのかと。こう考える私は自分のくらしをふりかえってみるのです。復員してきて十一ヵ年、なんの財産があるのか、柱時計にラジオ、そして中古のミシン、それ以外に強《し》いて金になるものと言えば千冊ばかりの本、全財産をたたき売ってもおそらく五万円は出まい。それなのに農家の財産、一反三十万円はするという田地、田一町だけでも三百万円ではないか。それに家屋敷、家財道具、たとえどんな貧農にしても百万円を下らない財産がある。しかも、一家の戸主が死んだにしても、息子があとをついで耕作し一家が存続できる。そして土地を手離さない限りは、どんな時代がきてもどうにか生きてゆける。われわれの場合はどうなのかと。こう考えると、農民は単に貧しいというだけでは済まされないものがあるように思います。貧しいと言えば、その日頃くりかえされている一日々々のくらしが貧しいのだ——と私は思うのです。

ですから、あの農家の豪華な結婚式はどうでしょう。数十万円の金を投じてなされています。もちろんそのために、毎日のくらしは乏しいくらしでしょう。それにしても都会人にできないことが農民には出来ているのです。なぜこんなにも金をかけるのか、農民自身手をあげていながらも……。それは結婚式は新婚夫婦を祝福するというよりも一つの〝つきあい〟だからだと私は思うのです。農家のおっ母さんたちはもちろん、親父さんたちでも「××家《や》のおふるまい(結婚式)の時は、三の膳がついて、口とりは……」と、一、二年も前によばれた際の御馳走を記憶しているのにおどろきます。なぜ記憶しているのか、自分の家での結婚式の時、見おとりのしないように、つまり〝ひとなみ〟にと思っているからでしょう。相手にこれほど御馳走になったからと、そのおかえしの意味があるのですから、結婚式の入費は依然として変ってゆかないのでしょう。農民は〝つきあい〟と〝ひとなみ〟ということを非常に重大に考えるようです。それは何故なのか、私は農村を考える場合、このことが重要な意味を持つものだと思います。

以下、私は農村を歩いてみて、またこの七ヵ年によせられたくらしの声を元にして〝つきあい〟と〝ひとなみ〟について筆をすすめたいと思います。しかし私はもちろん学者でもなければ、また農村研究家でもありません。単なる一小雑誌の編集者にすぎませんので、ぬけている点や考えちがいもあるにちがいありません。その点批判的に読んでいただくことにして、まずつぎのような言葉を読者の皆さんはどのように受けとられるでしょうか。

「ヨメずものは歌っコ歌うもんでねぇ、あそごの嫁ゴ歌っコばり歌ってるって世間に言《そ》われっから」、これがヨメに対する姑の言葉です。何故歌って悪いのか、それは世間に言われるからです。歌うことがヨメとしてひとなみでないからです。それを押して歌えばどうなるのか、世間からヨメが悪口されるだけでなく、「あそごのかがさま(姑)もかがさまだ。ヨメッコ気ままにさせでる」と言うのです。また、息子がひげを剃らずに不精にしていると「あそごの親父も親父だ、ひげもそらせねぇでる」。ですから、息子の進学希望に対し「貧乏してるくせに学校へなどやって、息子に気ままさせでるって言われっからやめろ」ととめている親父さんもいます。事実こんな場合、本家が「貧乏してるくせに、もってのほかだ。大体本家でもやんねえ時、まして分家でやるずごどはあるもんでねえ!」——つまりひとなみでないと怒っている例もあるのです。貧しい者のひとなみと富んだ者のひとなみがちがうわけです。ですからある本家筋の家が、近代的なこぢんまりした家を建てようとしたのに分家の者たちが「本家には本家らしい建て方があんべぇ、そんたな小さい家では世間にも顔が立つめぇ」と計画を撤回させています。

あるおっ母さんが重病の赤ちゃんをおいて他家に手伝いに出かけようとしているのに出会っ

た保健婦さんが、それをおし止めると「いつも助けたり助けられたりしてる仲なんだし、義理っコわるくてなス」とこたえています。またあるおっ母さんが「あそごの店は高いども、他所《よそ》がら買ったらわるがんべ」、こう言って高い店から買っています。つまり〃つきあい〃を大事に考えているのです。このような言葉を書いたら数限りなくあります。何故そんなにも気をつかうのか、それは世間体が悪いからです。世間体など気にしなかったらよいではないか、しかしそうはいかぬものがあるようです。

大体、部落に生きている個々の人間に、血族や家から、また部落から離れた自由な個人がいないようです。農家のおっ母さんが立話しています。次郎のヨメさんがそこを通ります。「ありゃ、あのメラシッコ（小娘）どこのメラシッコだべ？」「まだ知らねえでらすか、××分家《かまど》の二番目オンジのヨメゴす」、このヨメさんは××本家の分家筋にあたる家の二番目息子のヨメであって、単なる次郎のヨメではないのです。次郎のヨメになったことによって、もう既に分家という制約と弟ヨメという制約が生まれているのです。ですから個人の批判も必ずその家をも対象にするようです。「××分家《かまど》のオンジよぐねぇ奴だなス」「んだ。おやじもおやじだしな」「爺《じ》さまも酒癖のわるい奴だったもナ」「本家の親父も同じでねぇか」、こんな話がよくいろり話できかれます。こういうことになるのですから、個人の行動が親たちのことや、また孫子の時代までを考えてなされなければならなくなるのでしょう。「いつ人さまの世話にならねぇばならなくなるかわかんねぇから……」、こんな話もよくききます。つまり個人が、その家の連続した歴史の中の一個人にすぎないのです。土地が相手の農民にはあたりが嫌になったからと引越す自由がないだけに、一層世間体を気にするのでしょう。

〝ひとなみ〟といっても貧しい家と富んだ家、本家と分家ではちがうようです。つまり〝ひとなみ〟には分相応の意味が含まれているのです。ですから「どこのお嬢さんがと思ったら、××かまどのメラシッコ(小娘)よ。屋根半分おちたような家さ。カカドの高い靴はいで、入って行ったけじゃ」、こんな言葉が交わされます。大体そこの一家の戸主を呼ぶ呼び方にも、前にふれたように「大家《おおや》のとっちゃ」「かまどのちゃ」もっと下になれば「××かまどのおやじ」というように、区別があるのです。しかも小さい部落などの場合、部落全体が顔見知りの間柄ですから、何かにつけお互いが噂話の種にされるのですから、一層行動の自由が失われるのでしょう。とくに隣り部落から来た新米ヨメなどは、しばらくの間、村人の凝視にさらされます。「あの鍬を使う腰あんべぇ見ろ、あれでは稼《か》しぇげねぇ嫁ゴだんべ」、新米ヨメは家の中の初年兵であるだけでなく、部落の初年兵でもあるわけです。都会の目はゆきずりの目なのですが、部落の目は凝視の目です。ですから私は、農村の部落は軍隊みたいに序列もあり、その序列による制約もある、また監視の目もあるところで、部落内に定住している限りでは、部落の軍規?からはみ出た行動が出来ないのではないかと思うのです。〃嫁ゴずものは横座を通るもんでねぇ〃という軍規?があると、その家だけで自由を許せないから、「世間に言《そ》われっからやめろ」となるのでしょう。もちろん部落々々によってその軍規?はちがうでしょう。大山林地主がいたり、血縁関係が強かったり、また奥地の閉鎖的な、依存関係や相互援助の強い部落など、軍規?がきびしいようです。また部落の歴史が古い所(そこは血縁関係も強い)は強く、戦後出来た新しい部落は弱いように思います。

ともかく私には農村の暗さは、労働のきびしさ、くらしの貧しさはさることながら、部落の規律が個人の自由を束縛し、いっそう農村を暗くさせているように思えてなりません。こういうことが農民の自由な行動を奪うだけでなく、自由な物の考え方まで奪ってしまい、結局親たちの歩んだ道を踏襲することになるのでしょうか。私はある人からこんな話をききました。若い頃はあまり親父さんの顔に似なかった息子も、一家の戸主になって横座に坐る頃になると、親父さんそっくりの顔になるというのでした。人間の顔には、その人の歩んだ歴史がきざまれるものであるとするなら、この話はまことに含蓄のある話だと思うのです。

またある親父さんが、村で受胎調節の座談会があった時に、「子供を多く作らなければダメでがんすぞ、村会議員に立候補してもとれながんべ」と言いました。これはもちろん冗談に語られたことですが、現実の農村で、この血縁関係がどんな意味を持つかをよく示していると思います。

以上、農民が〝つきあい〟と〝ひとなみ〟を重視する根っこになっているものが何であるか、そしてまた、そのことのために農民個々の自由が如何に制約されて来ているかを書いてきました。しかし、日本のチベットと言われる岩手の農村も、現実に生きている人々が屯ろしてくらしているのであってみれば、昨日の農村は必ずしも今日の農村ではありません。前に上げたことは、ある部落のある時間を切って言えば正しくても、明日の農村はまた何らかの変化をもたらしているにちがいありません。では農村にどのような動きがみられるのか。

8　戦後の農村の動き

私の行商四ヵ年は戦後の四ヵ年だけですので、終戦を境として農村がどのように変ってきたのかはわかりませんでした。もちろんそのことにふれた話も出てはいたのでしょうが、行商人であった私の記憶には残っていません。しかしその後の七ヵ年、私は村人から送られてくる声を通じ、またその後の農村めぐりで、農村も変ってきているのだとしみじみ感ずるのです。と同時に地域によってちがいのあることも、それはおそらくは農地改革の行われた度合いや、その他いろいろのことが原因しているのでしょう。

農地改革のあった部落のある親父さんは「ヨーイ・ドンで始まったんだからなあ」と言っています。つまり前は地主小作関係で明らかに差別があったのに、みんな同じスタートに立たされて出発したというのです。これがお互いの競争意識を駆りたてたであろうことは客易に想像がつきます。競争意識といえば、もともと農村は単一の職業、つまり農家が多く、しかもその作る作物が衆人環視の下にあるのですから、この意識が強く働いているらしく、親たちが子供たちを起す場合も「そら、隣りではもう畑に出て稼《か》しぇでるぞ！」こういって起すのです。そんな農村ですから、競争意識が殊更にも強かったのでしょう。まず目立ったのは家屋の新築です。部落(二十八戸)の約三分の二が小作から自作に変ったある部落は、新築八戸、他の自作になったものも、全部が多かれ少かれ改造をしています。新築した農家の間どりがどう変ったか、「つくりは小さいが、元の旦那殿と同じつくりに変った」というのです。改革のなかった村々も新築は多かったことは事実ですが、間どりは変らない。しかし、採光(ガラスが多くなった)がよくなったことと押入れをつけるように変ってきています。息子にヨメを迎えなければならなくなっているあるおっ母さんが「家《え》ッコがこっただし、ゼニッコもねぇし、ものもねぇ」と嘆いていましたが、この「家」「金」「もの」の中、初めの言葉が「家ッコがこっただし」となっているところに、農村の家屋の持つ意味が都会とはちがうのではないかと思うのです。つまり家屋は家格の象徴なのでしょう。新自作農に家屋新築が多かったことは、つまりそれによって「以前の小作時代とはちがうんだぞ」ということを誇示、確認を求めるためではなかったでしょうか。ですからかなり無理して建てたらしく、その結果か、そうした家庭から病人が多発しています。それは農家では経済を引きしめる場合に、人目につかないもの、と言えば日常の食生活を引きしめるからです。

また、戦後進学の多くなったことも注目される事実です。昭和三十年を、十五年前の昭和十五年と比較してみると、約三倍の進学率を示しています。新自作農のあるおっ母さんが「おら家《え》の息子は、学が出来ねぇども、高校さ入れぁんしたじぇ」と村を吹聴して歩いていると言います。また中学の卒業式間近かになると、父兄が先生の許をこっそり訪ねてきて、「どこそこの家のワラスは進学するべすか？」と聞きに来、先生の返事を待って、自分の子の進学をきめる、このように競争意識が働いているようです。その他にも進学のふえた原因があるようです。軍隊教育がなくなったこと、地主や本家への遠慮がなくなったこと、均分相続の意味を含めて進学させること、また子供の自己主張がつよくなったこと、いろいろとあるようです。

地主支配が少くなったのですし、また「分家に対する本家の支配もよわくなった」、それは「元は結婚式などには本家からお膳お椀など借りたものだったが、本家も新しいものを補給できなくなった」ので、部落で共有のものを備えたという部落もでてきています。

以上は対外関係ですが、家庭の中は変ってきているのか、たとえばヨメ姑関係はどうなのか、「村でヨメ姑問題の講演会を開いた際、講師の話が悪い姑の具体例に入った時、聴衆の視線が期せずして、ヨメいびりしている姑さんに集った。その後その姑さんが、かなり変ってきた」、こんな声が聞かれます。姑のヨメいびりを口で非難できるまでには至っていないにしても、視線での非難が出て来ていることは小さな動きではないと思います。「会合に出て来ても、ヨメも少しは口を開くようになった」「姑に自分の意見をやんわりと言えるヨメも出て来た。そんな家庭はかえって明るいようだ」、また、岩手のヨメさんたちは殆ど小遣銭を与えられていないのが常態ですが「一部のヨメさんたちには金の要求が口に出かかってきている」こんな声もあります。

あるヨメさんからつぎのような手紙がきました。

「私はこの春十九で、隣り村からきたヨメですが、ヨメにきてまず困ったことは、姑が『あそごの嫁ゴは、歌っコ歌ってばかりいて稼《か》しぇがねぇって、世間に言《そ》われっから、歌っコ歌うな』と言われたことです。私は三度のメシよりも歌を好きなので、ついうっかり口から出るのです。その度に『嫁ゴずものは……』と言われ、涙がこぼれます。何故、ヨメは歌を歌ってはいけないのでしょうか。これは姑が世間に気がねしているからでしょう。年寄はしかたがないにしても、若い人たちがみんなで考え合って、農村からもヨメの歌声が聞えるようにしたいと思います。これを雑誌にのせて、みんなにはかって下さい。私はヨメの立場ですから名前は出さないようにお願いします」。

これは暗い農村の姿と言えば言えるでしょう。しかしこのように筆をとって自分の意見を訴えるようなヨメさんが出てきていること、これは、おそらく戦前になかったことで、まことに明るいことでもあると思うのです。また岩手の娘さんたちには結婚と同時に子供を生むヨメさんが多かったのです。というと、少しく誤解を招くのですが、結婚届と出産届がいっしょの人が多かったわけです。それも戦後はかなり早くなり、といっても結婚後半年ぐらい後ですが、これは多分に、戦後の供出制度が、届を出して登録すれば、自家保有米を残す権利を認めるようになったからという事情によると思われるのです。このように、変ったと思われることが、実は大きな変化でなかったり、小さな変化だと思われることが大きな変化だったりするような気がします。

また仏事ではこんな変化がみられます。戦前は命日に当る日を毎月精進していたのが、年一回の祥月命日に代り、中には一杯精進といって、御飯一杯目の時だけは魚を食べずに二杯目から魚も食う。さらに代表精進で主婦だけが精進するといった形も出てきています。

またこんな声があります。親たちが自分の娘に縁談をもちかけられて断る時、戦前は「爺さまに相談してみねぇば」と言ったが、戦後は「まず娘にきいてみねぇば」と変ってきているというのです。またよんどころないつてを頼って某候補の運動員にゼヒ一家の票を……と頼まれた親父さんが「ハァ、おらは一票上げるども、今時は民主主義の世の中だがら、若い人たちには若い人たちの考え《かんけ》があんべぇがら」と一票だけ予約して帰したというのです。また、ある農村での選挙の投票場に、毛筆とエンピツをそなえておったら、毛筆書き(老人)はほとんど保守政党に、エンピツ書きの方には進歩政党が多かった——との声もあります。「民主主義の世の中だから、おらにはおらの考えがある」と言えるのは、いつの日かわからぬにしても、農村も変ってきているとしみじみ思います。

9　誰に期待する?

以上、私は編集者生活七ヵ年の間に集った農民の声を元に、農民の生活を書いてきました。そして戦後の動きにもふれてきました。その中には明るい芽生えもたしかに感ぜられもするのですが、しかしそれは岩手全域に芽生えているものではありません。依然としてそこには動かしがたい現実が横たわっています。今目をとじてこの十一ヵ年を回想すると、農家で見たいろいろの場面が浮かんできます。それにこの七ヵ年に送られてきた農民の声が、その回想と重なり合ってしまい「うらしまたろう」のつづり方をよめば、ある山の子の姿が目にうかび、婆さんの嘆きの言葉をよんでいる中に、行商で見た婆さんの姿と交錯し、農村から送られてきた声が、常に現実に接した村人の誰かとむすびついていくのです。

幼児ここに眠る
（重し石のように並んでいるのが幼児のお墓）

しかし、私の頭を常に去来するのは、農村の赤ちゃんたち、そして学校前のがんぜない子供たちの姿です。人気のない台所の隅のエジコに泣きつかれている赤ちゃん、農繁期には、親の帰りを待ちかねて、火の気のないいろり端に寝入っている子供たちの姿、そして、そういう生活の中でつぎつぎとあの世へ旅立っていく子供たち、私は人間《ひと》の子の親として、これをどうしても耐え忍ぶことができません。そこにはそうせざるを得ない冷たい現実があるのです。それを一体誰が解決するのか、それは基本的には国の政治でありましょう。しかし今の政治に、そして更に、今の政治家と言われる人々に果して期待できるのでしょうか?! この七ヵ年多くの村人によって村人の声が集ってきたことはよいとして、その解決策はどうするのか? 私はこのことについて何度考えてきたことでしょう。その結果、私はこんなふうに思ってみるようになっています。岩手県の村々に、このようにも多く村人のくらしの声に耳を傾けてくれる青年婦人たち、そして、また保健婦さん、学校の先生、役場吏員、農協職員もいる。くらしの声に耳を傾けているということは、実はその声の背後のくらしをみつめていることでもある。この現実の凝視、それは国の政治をみつめる目ときっとつながらずにはいまい。政治は政治家によって動かされるのでなく、大衆の力がその基礎になって政治家を通じて行われるべきものではないのか、私はここまで考えつくと、やっぱり〃くらしの声〃をこつこつ集め、そして活字にしていけばいいのだと思うのです。こうして私の編集者生活の七ヵ年がすぎたのです。その間素人編集者の私に、まったく予想もしない多くの人々が協力して下さったのです。その中にはもちろんいろいろの人々がいます。農民もいればそれ以外の職業の人もいます。しかしいずれも農村をよくするために、農村のくらしをあたたかい目で見守り考えつづけている人たちです。

この本の最初の部分にかかげた朝日新聞の記事の中に出てくる青年、鳥居繁次郎君(二十五歳)もその一人です。山村の小作人の子として生まれた彼は八人兄弟、四人は赤ちゃんのうちに栄養失調で死んでいます。母も彼を生んでまもなく病床につき他界。彼は小学校時代を子守をしながら学校に通った。当時(小学五、六年の頃)を述懐して、

こんなときは、苦しいなあと思った。〝だんな〟に行って脱穀する日があるのです。それは、収穫される作物は、ほとんど、〝だんな〟の大きな脱穀場で脱穀させる定めになっていたからです。これは、小作人に自分の家で脱穀させると、ゴマ化す恐れがあるからで、村中の〝ゆい〟によって稗打ちは十日以上もつづき、学校から帰っても、ろくに御飯を食べることすらできないことがありました。家内総出で行って脱穀するからです。刈り分けするのは、麦類だけで、麦類は畑で、刈った束を五分々々にして、作柄のいい場所の方を自分の家に運ばせるのです。それで、父たちは、刈りながら、よい作柄の場所のものと、悪い作柄の場所のものと交換しておいて、「〝だんな〟刈りましたから、来て分けて下さい」と〝だんな〟を連れてくる。すると、日傘をかぶり、ゲタ仕かけの〝だんな〟が畑に来て、ここら辺がよいはずだからと、作柄はあまり見ないで、運ばせるのでした。そんなときの父は、〝だんな〟の目を見ることもせず、言われたとおりに運び、夜、「今日は何斗ぐらい

のもうけだ」といって私たちに笑って見せ、「だまっていろよ」とつけ加えるのでした。また稗では、畑に立ててある〃シマ〃(〃によ〃ともいう)の数を数える〃だんな〃の〃シマ改め〃というのがあり、数がいくらあるからあの畑からは何俵ぐらい出るなどと胸算用するためだったでしょう。その〃シマ〃を作るときには五束から六束を中に入れて立て、これを、〃立て込み〃と言うのですが、深夜、その立て込みの分をこっそり運んできて、夜中に始末をしてしまい、知らん顔しているといったホマツ(へそくりという意)稼ぎをしたものです。そんな時など私も、ろくに眠ることもできず、父や義姉が畑からこっそり運んでくるものの片付けなどをやらされ、時には後片付けがすんでもまだ夜の明けぬを幸い、再びまたホマツ稼ぎに出て行くといったあんばいで、夜明けまで働いたわけです。けれども、そんなときの父たちの行動は、すごく敏捷に行われ、〃だんな〃に行って働く日中は、あくびなどをしながら、日のありだけさえ働けば文句はあるまい、体がつかれては、夜ホマツ仕事など、出来るものじゃない……といった風に見えるのでした。

このことは、なんとかして、自給に近い作物を穫《と》って子供らを育てたいという気持一本での行いであったでしょう。また一つは〃だんな〃に対する反感のあらわれでもあったかもしれません。

このような環境の中で育った彼が、いま役場につとめ、村人のくらしの声に耳を傾けながら働きつづけています。

田部静子さん(二十三歳)は、いま自分の村で保健婦さんをしています。彼女はこんなくらしの中に育ちます。

私は六歳ぐらいで家の貧しさを知っていたようです。私の村を上中下とわけるなら、私の家は下ということになります。家屋敷も野菜畑もみんな大家のもの、このような生活なので、父はどうしても出稼ぎに出なければなりませんでした。

彼女は母と小学生の兄二人と四人でくらしてゆきます。長兄は小学校をおわるとまもなく父のいる樺太に行き、山で切った材木をはこぶ仕事につきます。しかし兵隊検査のため家に帰るという直前に材木の下敷きになり死にます。その死の電報がとどいた時母は、「ああ、あの子にはわるいことをしてしまった。あの子がいくら仕事をやっても、貧乏なばっかりに、笑い顔一つ見せたこともなく、怒った顔ばかり見せて死なしてしまった」といって泣きます。父は出稼ぎ先から軍属としてつれてゆかれてしまいます。母は土方に出、四年生の彼女は当時三歳の弟をおんぶして学校に通います。先生には「そんな子供は、ばあさんといっしょに家におけばよ

いのに」と言われ、泣いた日もあります。その当時のことを彼女は、

その頃、嬉しそうにあそんでいる弟を無理に抱いてきてエジコに入れて学校に行くこともありました。肩をすっかりとヒモでしばりつけ、エジコからぬけ出せないようにするのですが、「なんとか出してくれ」というように、手をもがいて泣くのを、いそいで外に出て戸を細く開けてみているとしばらくして泣き止み、その後は何かわからないことを、一人でボソボソ言っているのでした。

こうしたくらしを経て小学校を卒業した彼女は、家の口べらしのためにも、また自分の身につける職業をということで、看護婦学校の貸費生になり、やがて卒業、今は村の保健婦として働いています。

広袤一千方里、岩手の大地は貧しく、そして暗いのです。しかし、私はこう信じています。日本のチベット―岩手も、いつまでもチベットではない、何故なら、今そここに大地の岩盤をつき破って来た芽が伸びつつあるではないか、しかも風雪に鍛えられた芽が、この芽、この芽こそがきっと大空を突き抜けて伸びてくれるのではないか！……と。

生きている農村

1　紙に書かれた農村と生きている農村

読者の皆さん、私はここまでにボソボソした農民の声を数多くとり上げてきました。何故とり上げて来たかは既におわかりいただけたかと思いますが、なお一つつけ加えさせていただきたいのです。

私は今から四年ばかりまえ、ある村に講演をたのまれていったのです。ところが主催者側の予想では二百名ぐらいは集るといった会が五十名ぐらいしか集りません。「なんとしたごとだべ、閑《ひま》な時期を見はからってやったのに」「遠い方の部落からは、まだ見えねぇようだからもう少し待ってみるか」などと気をもんでいます。定刻過ぎても集りませんので、そのまま開会したのです。開会の挨拶は、さっきまで気をもんでいた助役さんです。

「本日は御多忙中のところを、遠路わざわざかくも多数お集り願いまして、主催者と致しましてまことに感謝に耐えません……」さっきまで、閑な時期なのに近所から少ししか集らないと不平をこぼしていたのに、全く正反対のことを、なんのわるびれるところもなく話しているのです。考えてみれば全くおかしな話です。しかし私は笑うことができません。なぜなら、日本（と言うと大げさかも知れない）のおえら方などと言われる人は、改まれば改まるほど、腹にあることは言わずに頭にあることを言うのが常態だと思うからです。しかも全く正反対のことを言っても別段気にとがめるでもなく、いやそんなことは意識にもとめないで話しているように思うのです。いま私は、おえら方と書きましたが、実は殆どの人（私もふくめて）が、とかく改まると無意識にこんなそらぞらしいことを話しているのではないでしょうか。しかし自分の家にかえって家族の者と話している時など、おそらくこんなそらぞらしい話はしないでしょう。私がいろり話――くらしの声――を大事に考えるのはここに理由があるわけです。

ですから私たち（無名の青年婦人、私も含めて）は〃くらしの声〃をこそ土台に農村を考えるべきだと思っているのです。そんなことから七ヵ年というもの〃くらしの声〃を集めて来たわけですが、決して質問などして集めたものではありません。いろり端や井戸端、また道路の立話など、そんな話の中からなのです。

私は、改まって言うと腹にないことを言う、と書きましたが、同様のことが、書く場合にも起りがちではないでしょうか。私は編集者として痛いほどこのことを感じてきました。雑談などの際真に生き生きと農村のことを話してくれる人がありますので、「あの時話されたことを書いて下さい」とお願いして書いてもらったことが度々あるのですが、それが殆ど別物になって出てくるのでした。こんなことで、私は改まって話してもらったり、また書いてもらったもので、生きた農村を伝えることがなかなかむずかしいものだと思ったのです。

読者の皆さん、皆さんは〝農村生活の実態〟などという、アンケートによる調査や、また官庁統計に頼って筆をすすめている本をごらんになられることがあろうと思います。しかし、そのアンケートや統計にどれほど真実があるものでしょうか。まず統計について言えば、岩手の場合など、統計としては比較的信頼をおけそうな、結婚離婚数ですら、子供が生まれないと結婚届を出さない人のあること、また子供が出来なかったことから入籍されぬまま離婚になることと等から、統計数字に入っていないのです。私の知っている例で言えば、二十三回結婚した例も知っています。出生数だけは生まれない子は届け出ない筈ですし、あやまちが起り得よう筈もないのですが、人間の子が馬籍に入っていたという例さえあります。これは極端としてもつ

ぎの場合はどうでしょうか。

ある官庁から栄養調査地区の指定を受けて、調査対象になった部落のあるおっ母さんが、私にこんなことを言ってくれました。「おらが、どんなうまくないもの食べてるごどが解っても、かわいそうだからって、うまい物くれるわけでもながんべし、いいあんべぇに魚っコ食ってるごどに書いてやったのす」。これは極端な例かも知れませんが、故意でなくもそのまま書くのが恥かしかったり、正確に書けなかったりで、結局適当に書いたものだってあるにちがいありません。だとすると、出た結果は如何にも官庁統計らしくいかめしい数字が出たにしても、それをどの程度信用してよいのか？　またつぎのようなものもあります。

ある保健所が、県北の一農村で受胎調節問題について調査したところ、「子供を何人ほしいか？」の項目には平均二、三人と出たことから、「これは貴重な数字である、今まで農村では都市にくらべ子供を多く望んでいると言われたが、この数字はその論のあやまちを示すもので、農村でも受胎調節を深刻に望んでいる証拠である」と、自慢の統計として見せられたことがありました。この調査対象になった村は私もよく知っている村でした。ところが統計の上ではまぎれもなく平均二、三人というこの村の人々が、炉端ではどんな話をしていたのか？

「やっぱり、農家では頭数《あたまかず》が多くねぇとダメでがんす。こんたなワラス（学校前の子どもでした)でも、子守やったり留守居するがらなス」

「われ(自分)のワラスを、われのワラスが育てるようでねぇと、ダメでがんす」

つまり、子供をたくさん作って、自分の生んだ子が、その弟妹を育てるようにしなければダメだというのです。

「やっぱり作るぐらい作っておかなければ後が心配でなス。隣りでは八人子供を持ったっけどもス、今はたった二人ッコす」

このように、炉端の声を集めてみると、どうも平均二、三人という数字はあやしくなるのです。おそらく統計の方か炉端話かにウソがあるのでしょう。おくれた農村の人々と雖も、戦後受胎調節の問題が大きく叫ばれていることは知っているようです。ですから、今時《いまどき》五人だの六人だのと書くのは時代おくれみたいにみられるのではないか、まあ三人ぐらいとでも書いておこうかという人も出て来そうです。おそらく控え目に書く人があっても、余計に書く人はありますまい。こういう控え目の数が集計され平均されて二、三人という数字が出たのではないのか。またこんなことも考えられます。平均二、三人ほしいということは、一人前に成人した子を二、三人ほしいということかも知れません。生まれた子が学校前に半減してしまうようなこの村で、「隣りの家では八人持ったのに、いまはたった三人」という状態、このような具体例が村内あちこちにある現況において、生む数が二人なり三人なりでよいと考えられるでしょうか。もし二、三人という数が村人の正直な答だとするならば、成人した子の数なのでしょう。このような村は畑作物の出来も悪く、大豆を一升蒔いても山鳩にやられたり、霜に打たれたりして半分ぐらいしか生長しないといったこともよくあるのです。このような環境下で、生き物は半分育てばまずよしとしなければならない、といったあきらめに似た気持も出てくるのでしょうか。前にも記したように、〝あの子は生まれつき弱くてなス、なァに、命っコあれぐれぇしか貰って来ながったべ〟という声も、こんな村のくらしの声です。

同じような地帯のある村の保健婦さんがこんなことを話してくれました。二十七歳で既に六人の子供を持っているおっ母さんがあり、この状態でゆくと十人を越してしまうのではないか、家のくらしも楽な様子ではないし心配になった保健婦さんが受胎調節の方法を知らせたいけれど、尋ねもしないのに言い出せない。それで「二十七歳で六人の子では一ダースぐらいは持つんだべネ」と言うと、「ハァ、一ダースまでは欲しぐねぇども、後、二、三人ほしいと思っていあんした」と言われ、二の句をつげなかったということでした。

ともかく、平均二、三人という数字は、くらしの声を元にして考える私には、どうしてもそのままは受けとれないのです。

また、某大学の教授が、岩手のある村で、その村の父兄が六三制教育をどう思っているかを、プリントした紙にしるしをつけるやり方で調査したことがあります。たしか昭和二十五年頃だったかと思います。その当時、これに似た調査を受けた農家の人から「これはお上《かみ》の調べでがんすべか、アメリカさんの命令だべすか？　なじょに書けばよがすべ？」という相談を受けたことがあります。相手の御機嫌を考えて回答するのでは、おそらく自分がこう思うではなくて、こう思うべきだという回答をするのではないでしょうか。この調査は九七％かが六三制教育賛成だったとかききました。ところで六三制教育に対する、くらしの声はどうでしょうか。

「今のワラスは先生をおっかながらないでダメだ、先生に友だちみてえな言葉ッコ使ってるもな、そんなザマだから親の言うこともきかねぇ、おら方《ほ》の先生も、××先生のようにぶっただいでければいいどもス」

「親が一言いえば三言も四言も口答《へんか》かえす。りくつッコばかりまけて手あましだんス」

「中学さ入るとき九々も知らねぇワラスもあるなッス、今のワラスは中学卒業しても、おらたちの頃の三、四年程度の学力しかないもんなァ」

これは炉端でのくらしの声です。これらの言葉の当否は別として、この方が農家の人たちの本音ではないでしょうか。

以上、統計の中には、現実に生きている農村や農民の姿とは、縁もゆかりもない数字が出ていることがあるような気がしてならないのです。そのような統計を自分の所論の、裏付けとしながら書きすすめている本も少からずあるような気がしますが、それらの本は紙の上の農村や農民の姿であっても、生きている農村や農民の姿だと言えるでしょうか。

また、ある保健婦さんの家庭訪問にお供して、ある部落に出かける途中でした。ちょうど峠の上り口まで来ると、道路の傍につみ重ねてある松丸太に七、八名の学童が腰かけて、弁当を食べていました。弁当のメシは白い米のメシでした。保健婦さんが言うのには「大牟羅さん、皆学校には米のメシを持ってくんですけれど、あのハシの動かし方で、家では米を食べているか、稗メシかわかるんですよ」と、こんな話をしてくれました。稗メシは米とちがってねばり気がないので、米のメシのように一箸で一口というわけにはゆかない。一口分にするためには五、六回ハシでかきこまないとならない。それで家で稗メシを食っている子は、それが習慣になっていて、米のメシを食べる時も気ぜわしくハシを動かす、と言うのでした。なるほど言われて見れば、ハシの動かし方に明らかにちがいがみられました。私はこの時、なるほどとうなずかずにいられませんでした。おそらくこの保健婦さんは、ハシの動かし方による主食の判別法以外、農家のくらしのすみずみまで知っていられるにちがいない。だとすれば、食生活調査などと銘打ってたくさんの人々が乗りこんで行って、紙とエンピツによる調査より、このような保健婦さんによる調査が、遙かに生きている農村の姿を伝えるものではなかろうか、と思ったのでした。もちろんお役人たちの調査のように何十何パーセント何分といった数字が出ないにしても……。

魚をいくら食べているかについても、奥地部落で近くに魚屋がないような場合は、魚の行商人の方が、官庁統計より正確に近いものを知っているかも知れません。ある村の役場吏員の方からのたよりに「ちょうど登校時、私の長男茂雄(小学一年生)をさそいにきた子供たちが、私たちの食事中のストーブのそばで語った会話ですが」と前おきして送ってくれたのが、つぎのような会話です。

子供A　「茂雄だ家では(茂雄君の家では)今日マツリだか?!」

茂雄　「何してや?」

子供B　「サカナは、マツリでねぇば、食うもんでねぇずじゃ(ないそうだ)」

茂雄「ホウ、おかしいもんだ、買ったら食うによがべよ」
子供B「おら家《え》のカガァ(母さんは)『マツリでねえばサカナ食うもんでねぇ、ゼニッコためておいて、正月にあきるくれぇ買ってやる』って言ってらっけじゃ」

こういう会話に、その子供の家の食生活が窺えるのではないでしょうか。またある僻地の女の先生は、こんなことを書いて送ってくれました。

「昨日一年生の男の子が、『センセイ、さつまいもんまいぞ、センセイくったごどあっか? もってきてけっか(くれるか)』と言うんです。この子にとっては、さつまいもが最もおいしい食べものになっているんでしょうね」

以上のような、保健婦さんたち、役場吏員の方、先生たち、行商の魚屋さんたちの観察をつみ重ねてみると、その村の食生活が、生き生きと私にはわかるような気がします。少くとも調査統計による数字よりは……。

2　押売りされる〃農村文化〃

〃灯台下暗し〃という言葉がありますから、都会人が調査とか研究とかで農村にこられ、その結果を公表され、またいわゆる啓蒙とか指導をして下さることは、必要なことだと思います。しかし調査なり研究なりが、どれだけ生きた農村や農民の姿を正しくとらえてなされているかが大きな問題だと思います。農村の諸官庁、諸団体のおえら方に会い、改まって様子を聞きとり、後は諸統計や資料などを元に、手ぎわよくまとめたものが、新聞に雑誌に発表になるといった形のものも少からずあるような気がします。そしてそこには現実に生きている農村や農民の姿が置き去りにされてはいないでしょうか？　私には大きな疑問があります。

たとえば「台所改善のあり方」「子供の育て方」「受胎調節について」など農村向けの本がいくらでも出ていましょう。しかしそれが一体どれほど、農村に生きている人々の姿を、胸に思いうかべながら――たとえば炉端で家族の者が大声で笑う時でも、声も出せずにニンマリと半分ぐらいの笑いで済まさねばならぬヨメさんの立場、死ぬのを待ってるばかりだという婆さんの姿、エジコに泣き疲れてねむりこけている赤ちゃん――そのような姿が胸中に去来している人によって書かれているのか？　農村では食糧の自給なら可能でも、印刷物の自給は不可能に近いことです。そこでともかくも都会の人の作ったものに頼らざるを得なくなるし、そのようなものに頼ることによって、生活の現実に根ざした考え方が育つのでなく、かえって、現実に根ざさない考え方にすりかえられてしまうことすらあるのです。農村における読書階層――いわゆるインテリ層——の中には、そのような傾向が見られる気がします。「本村の住民は封建的でして……」とか「ここの部落民は保守的傾向が強くてね……」などと、自分だけは村人でもなく、部落民でもないような口ぶりの人、つまり傍観者的な人は、このインテリ層の人に多いように思われるのです。しかもそういう人々——現実に根をおろして考えなくなった人——が、村の指導的地位に立っており、それがまた、村人に、生活に根ざした考え方を育てる妨げにもなり、生活に根ざした考え方に劣等感を抱かせもするように思います。その結果、農民は現実の生活条件を考えずに、無批判に都市文化を受け入れることも出てきます。

日本のチベットとよく言われる岩手県でも最近〝受胎調節運動〟などという言葉をどんな奥地の村々でも耳にするようになりました。どこからそんな声が出て来たかというと、中央官庁から、また全国組織を持つ中央諸団体からそれぞれの系統機関を通じて上から下へ流れてきたもののようです。いわば押しつけがましい形で入ってきた運動です。しかしその運動は殆ど成功していないようです。というのは生んだ数と人工中絶した数を合せると、戦前と殆ど変っていないからです。これは、掛声が大きいわりに実行されていないか、実行しても失敗しているかの何れかでしょう。失敗の原因をくらしの声からまとめてみた結果では、「金なし・ヒマなし・娯楽なし」の三条件が最も大きな原因のようです。

(1)金なし——というのはヨメさんの場合、殆ど一般的に言えるようですし、その夫にあたるものも、家業をゆずり受けない限りは同様です。従って器具や薬品を買う金がない。
(2)ヒマなし——農繁期など体の疲れがひどく、夜の仕事?の準備までやっているようなヒマがない。また、薬や器具がなくなっても街まで行って買ってくるヒマがない。
(3)娯楽なし——日常生活の中にこれといった楽しみがないから、というのです。しかし女の人たちの中には「楽しみでねく、苦しみだ」と言う人もいますが……。

その他、女性の地位、特にもヨメさんの地位の低さが、受胎調節の面でも夫の協力を得がたいこと、また、あるおっ母さんが「俺ァ、おやじ(夫)へのつとめは唯《たんだ》それ一つだと思って体をまかせて来たっけが」と多産の原因を説明していたように、夫へのサービスがそれ以外にないことなど、幾多の問題がからみ合っていましょう。金がなかったら荻野式をという指導者もあるようですが、心身共に多忙な生活の中で、ヨメさんたちには昨日の出来事さえ忘れがちの人もいるのですし、また農作業には農繁期と農閑期、晴天と雨天でも労働に軽重があり、労働量が不定のためか、月経不順の婦人が多い(保健婦さんたちの話)とも言います。ともかくそんなことからか、受胎調節は成功していないように思えるのです。その結果は「××のヨメッコが今はやりのあれをやったそうだス」というような言葉をどこの部落に行っても耳にします。人工中絶が〃今はやりのあれ〃と言うだけで誰にでも通ずるほど流行しています。しかも母体に大きな傷痕を残して……。

結局、上からの呼びかけによる(新聞雑誌の呼びかけも含めて)受胎調節運動の残してくれたものは、「戦争中は〃生めよ殖せよ〃だったが、今時は〃生むな殖すな〃の時代になったもんなァ」と村人たちが言っているように、お上の要請が〃生むな殖すな〃なんだ、たくさん生むのは今時ははやらないんだ、いや、恥かしいことなんだ、外聞が悪いことなんだ……といった雰囲気を醸し出したことです。ですから、こんな言葉がきかれます。「あそこの家では、貧乏なくせに、ガキだけ作ってさ……」「せっかく偉い人たちが教《すか》せでくれたのに、それを守らなくてよ、なんとしたことだべや……」、こんな雰囲気が中絶を必要以上に多くさせているのではないでしょうか。

先日、ある保健婦さんがこんな話をしてくれました。ちょうど三十五歳になるヨメさんが、出生届を出しに役場にきて居て「今時《いまどき》は三十五過ぎてワラス作る人はなくなりした。んだどもおらァ三十五だし、この子だけは生《な》したのす」というので、保健婦さんがここ数年間に赤ちゃんを生んだお母さんたちの年齢を調べてみると、なるほど昨年(三十一年)から三十五過ぎの出産はない、ところが数年前は四十過ぎの出産もボツボツみえたというのです。「結局三十五過ぎの妊娠は中絶しているんでしょうね……」とのことでした。

こうした傾向は、自分たちの現実の生活の上に立って行動しない農民の責任でもありましょうが、農民のくらしに根ざした〝くらしの声〟に耳を傾けようとしない人々による、現実無視の呼びかけの責任でもあるような気がするのです。

またある時、神殿づくりの屋根瓦が、ちょっと温泉場の料理屋でも思わせるような農家を訪ねたことがありました。そこの親父さんは「まあ家だけはりっぱに建てたけれど、台所は昔風で、それで近い中に台所改善を作るつもりでがんす……」とのことでした。〝台所を改善する〟というのであればわかるが〝台所改善を作る〟というのはどうしたことだろうと思ったのです。ところがまもなく、おかみさんが雑誌(農民のための雑誌と言われている雑誌です)をもってきて、「この台所改善を作るって話しているのす」というのです。なるほどその雑誌に、農家向台所改善の写真が出ています。「やっぱりタイルばりにして、腰かけて食べるようにしないと台所改善を作ったようでながんすもネ」とも話していました。なるほど都会人の手によって作られた台所改善の設計図に従って作るのだから、〝台所改善を作る〟なんだなァと思いました。

ところで、そのようにして台所改善を作った人々は農村には必ずしも珍しくないようです。タイル張りに、調理台、立流《たちなが》し……ところが前にも記したように、岩手の場合、炊事役は婆さんたち、それも腰のまがった婆さんたちが多いのです。そこで息子たちに台所改善を作ってもらったある婆さんが「おらは、今にあの世さ行ぐだからこれでもよがんべが」と語るのは、こんなグチです。腰がまがっているので立流しはおろか、調理台などはとても使えない。それで普通り床下にマナ板をおいて坐って切っている、それも冬季ともなればタイルばりでは尻がつめたくてかなわない。こんなことから別の婆さんは「こんたにまがった腰を後何年伸ばして稼《か》しぇがねばなんねぇんだか」と嘆いているのでした。

〃台所改善を作る〃という言葉、その言葉には都市の文化を受入れる際の農民の受取り方が象徴的に現われているような気がします。と同時に、それは農民の現実をみつめる目を育てようとするのでなく、目をくらますような役割を果している都市文化の責任でもあるような気がします。

3　出てこないくらしの声

ある農村の青年が私にこんなことを語ってくれました。「村に、調査だの研究だの言って、都会《まち》から人が入《へえ》ってくると、おらだちが動物園の動物にでも見たてられているような気がして嫌《や》んた気がするな」というのでした。〝食生活調査〟などと言われると、この動物？はどんな食物をとって生きているか調べてみよう、といった感じを受けるのでしょう。この青年の反感はいわれなき反感でしょうか？私には思い当るふしがあるのです。

ある大学から〝農村の家屋調査団〟なるものがきて、寝部屋まで調べられたという、ある農家の爺さんは、「なんぼ俺が百姓だからと言っても、寝部屋まで見てもれぇてぇとは思わねかった」とコボシていました。見せたくなかったら断われればいいではないかと、言われるかも知れません。しかし面と向って「見せてほしい」と言われれば断わりかねるのが人情でしょう。私にはいくら学問のためとはいえ、そこに割切れない気持を感じるのです。というのは、キタナイ寝部屋など誰だって見せたくないことはわかり切っている筈なのに、それをあえて「見せてくれ」というところに、農民を見下げてかかっている心理を感じるのです。

私は、農村に出張してきたというあるお役人が、こんな話をしているのをききました。

「農家に泊めて貰ったんだが、全く話にもなにもならんよ、一晩中ノミに苦しめられて一睡もできないんだ。ところが隣室に休んでいる、その家の者たちァ、こころよいいびきを立てて眠っていやがるんだね。百姓というものは神経がにぶくできているんだなァ……」まるで下等動物ででもあるかのような話しぶりです。

私も農家に泊ったことが何度もあるのですが、ノミの多いことは事実だし、またあまり気にもかけないことも事実のようです。何故気にかけないのか、つぎは私が農家に泊めてもらった時の、その家の長男と主婦の対話です。

「ふとんにノミッコいるべでぁ」

「んだべえか、つかれで寝でるがら、ノミッコいるがどうか、知らねぇで寝でるであ、かばね病み(病気)で寝でる時はわがるども」

これがノミに気がつかない理由でした。都会人の中には、右のお役人のように極端ではないにしても、農民と言えば何となく見下げてかかる傾向がありはしないでしょうか、それは意識的に軽蔑するといったことではないにしても……。

農村には新聞もラジオも入っていない家があります。また文字すら読めない老人たちもいます。貧しくて学校にゆけなかったのです。しかし皆まじめに働いている人たちです。それを誰が責め、誰が軽蔑できるでしょうか。たとえ手足がまっ黒だからといって誰が笑うことができましょう。それは地理的条件のよい、くらしのいい家に生まれ、幸福に暮せることが自慢にはならないと同様だと思うのです。

私は行商の旅で、谷川添いの傾斜畑にしがみつくようにして生きつづけている農家をしばしば目にしました。何故あんなところに生きつづけなければならないのか、ふしぎにも思えるのでした。しかしかりに私があいう土地に生まれ育っていたならば、果してあの人たち以上の生活を送れたのだろうか。人生というスタートにおいて、何百年かおくれたスタートにつかされ、そして懸命に走りつづけている、その人々、それはむろん笑っていいことではない、それは同情に値するというよりも尊敬さえしていいことではないか、と私には思えるのです。

もしかりに、おくれてスタートした人々を蔑視する人があるとすれば、それはいわれなき蔑視であり、先んじてスタートした人が優越感を持つなら、それはいわれなき優越感だと思うのです。

私は山村教師をしていたころ、子供たちのズボンの尻に当てた、当てつぎをみて、農家のお母さんたちがなぜこんなに粗雑な当てつぎをするものだろうか、これではまるで雑巾をさしたみたいだ、男の私でさえ、これ以上にキレイに刺せるにちがいない、この当てつぎが、農村婦人の粗雑でやさしみのない気持をあらわしている、こんな風に思ったものでした。しかし私は行商の旅で、このあやまちをしみじみ感じました。四十ワットぐらいの、しかも頭上高く釣った暗い電灯の下で、いろりの煙にむせたりしながら、あてつぎをしているのがおっ母さんたちでしたから、これではとてもきれいごとなどできる筈がありません。

私はまたある年の十月の末近い一日を、山の分校を訪ねたことがありました。山には雪の来るのも間近いというのに、子供たちの上着のボタンがとれていて、おなかのヘソがのぞけているのです。先生にきくと、「冬でもあれです。別にさむがりもしませんね」、それにしても何故おっ母さんたちがボタン一つつけてやらないのだろうか。先生の話だと、ここの母親たちは炭木伐りをしているので、手が荒れていて針をもつのが億劫だからでしょうとのことでした。なるほどお母さんたちに会ってみると、手が柴の箒みたいにゴツゴツして荒れていました。

日頃子供をじゃけんに叱っているおっ母さんも、一番のたのしみは、夜疲れた体を横たえて、わが子の顔にしみじみと見入る時だと言います。じゃけんにみえるおっ母さんも、ひと皮むけばやさしい心根が忍ばされているのです。それが何故表には出てこないのか。

私はある農村で、農家の親父さんたちにどぶろくを御馳走になった時、一人の親父さんが、

「あの頃(戦時中)は、おらァずいぶん嬶ァとけんかしたもんだった」、すると、並居る親父さんたちが、「んだ。んだ。そう言えばおらもそうだった」と皆で言うのです。それは戦時中、供出米の割当が部落常会できめられ、それを家にきて報告すると、おかみさんが「そんなに出したら、なじょにしてワラス育でるつもりだ」「んだら、おめェ行ってきめできたらよがんべ」、こんなことで喧嘩し、「おもしぇぐねぇがら叱らなくてもいいワラスまで叩いたりしたもんだっけなァ」と言うのです。子供をなぐったのはたしかに親の手であったにしても、それをなぐらせたのは誰か、私はこの時ほど国の政治というものを身近かに感じたことはありませんでした。結局、いろいろのことが農民の身の上に覆いかぶさって、やさしい心根まで覆いかくしている。しかしひと皮むけばみんな変りのない人間なんだ。これが、言わずもがなのことですが、私が十一ヵ年の体験から知ったことです。

つぎは山村の子供のつづり方です。皆さんこれを何とおよみになりますか?

水のたま

(二戸郡岡本小三年)
漆田フミエ

草かりにいったば(ら)
草の上さ
まるい水のたまっこ
のさっていた
チョコンと
おとなしく　のさっていた
あっと
おら　さけんでしまった

山の子も、なんとするどい繊細な感覚をもっているのでしょう。今のおっ母さんたちはこんな繊細な感覚を持ち合わせていない——と誰が断言できるでしょうか。

読者の皆さん、何故今まで農民のくらしの声があまりとり上げられなかったのでしょうか。それは公式の場で農民があまりものを言わなかったからでもありましょう。最近都会人もかなり農家に入りこんできます。しかし農民は改まった来客用の言葉でしか語らないようです。何故なのでしょうか、いわゆる封建的な農村の雰囲気の中で語り得ないこともあるのでしょう。もう一つは農民のもつ劣等感もありましょう。しかし都会人の持つ無意識の優越感のようなものも禍いしてはいないでしょうか。優越感と劣等感、上と下の関係では本音が吐けないのではないでしょうか。私は軍隊時代古年兵と親しく語り合えた記憶が一度もないのです。しかし捕虜生活の際、上と下の関係が絶ち切れると同時に親しく語り合えるように変ったのでした。

私はまたこんなことも考えるのです。たとえ農民がくらしの声で話しても、誰がまともに聞きとってくれ、誰が真に考えてくれたかということです。たとえば婦人会等の集まりで、ヨメづとめのつらさが、とつとつと語られたりすることがあります。こんなとき、婦人会の幹部の中に、「ヨメは姑を自分の真の母と考え、また姑はヨメを自分の本当の娘だと思ってお互いにいたわり愛し合わなければいけません」などとおさえる人がいます。大体、農村の婦人会幹部の大部分は元女教員で、長年修身の時間に、じゅんじゅんと人の道を説いてきた人たちですから、くらしの声を引き出すのでなく、押える役割を果している場合をよく見かけます。また、婦人会幹部の中には家付娘の多いことも特徴的です。そういう人々はヨメづとめのつらさが話題に出てもピンとこないのでしょう。また、くらしの貧しさが、働くおっ母さんたちから語り出されることがあります。そんな時でも「それは、基本的には国の政治のあり方に問題があるのですから、ここで語り合っても解決策は出てこないのです」と高飛車に発言を押える人もいます。こんな雰囲気の中では、くらしの声が出てこないのも無理からぬことでしょう。みんな同じ人間なんだ、という信頼感がたち切れているところでは、人間の本音が出てくる余地がなくなり、従ってくらしの声で語らずに、よそゆきの空々しい声しか出てこないのではないでしょうか。そして私は、子供の文集を送って下さる先生方のところを訪ねたことが何度かあります。そしてそのたびに戦前と戦後はこんなにも変ったのかとおどろくことがあります。それは先生と子供の間に交わされている言葉です。全く友だち同士みたいなやりとりです。それはいいことか悪いことかは別として、そこには何のわだかまりもへだたりも感じられないのです。またそういう先生方は、もちろん父兄とも方言でお互いが本音で語り合っていました。子供のことを本気で考える先生たちですから、その親たちの話にも本気で耳を傾けているのでした。

私はこのような先生の一人から、その前任地の子供(小学二年生)から来た手紙を見せられました。その手紙には「せんせい、さげっコ(お酒)のんでるか、あんまりのんで、からだわりぐ(わるく)すんな」と書いてありました。ノートの切れはしに書いたその手紙、それは心から先生の体を案じての結果、生まれて初めてエンピツをなめなめ書いた手紙にちがいありません。私は目頭に涙がにじんでくるのを如何とも出来ませんでした。戦前の教師と子供の間柄に、果してこのような心と心のふれ合いがあったろうか、修身教育がなくなった戦後の教育のよさが、初めてわかったような気がしました。

4　農村と都市とを結ぶもの

私はこの書を、都会の人々に生きている農村の姿の一部分でも正しく伝えたいと考え、懸命に筆をとったつもりです。全人口の半ばを占める農村の姿が正しく都会の人々に伝わっていないとすれば、これは正《まさ》しく日本の不幸だと思うからです。そこで私は農村の姿を、現実に生きている人々のくらしの声でお伝えするようにつとめたのです。

実は私は、都会の人に対し多少反感めいたものを持っていました。それは都会の人一般が、農村を見下げてかかっているような感じを持っていたからです。しかし私はこの七年間の編集生活を通じて、多くの都会の人との接触を持つことができました。私はその接触を通じて都会の人の中には、如何に農村の問題を真剣に、しかも温い目で考えている人が多いかを心底から知る機会にめぐまれたのです。

働く農民と都市の労働者、それはいろいろの生活条件の違いから、結びつきがないばかりか反感めいたものすらあるような気がするのです。しかし、歴史は大衆が作らなければならず、政治は大衆のものでなければならぬ筈です。だとすれば働く農民と都市の労働者を結びつけることが何にも増して重要なことではないでしょうか。都会の人と農民は如何にすれば結ばれるか、そこにはいろいろの隘路がありましょう。それは一体何であるかは、読者の皆さんに考えていただくことにして、私はまず、お互いの立場を真に理解することから始めなければならぬと思うのです。それにはお互いが、くらしの中のよろこびや悲しみ、のぞみやなげき、それらを自分自身の言葉で、自分自身の筆で記し、それをお互いに交流することが大事ではないかと思うのです。そのことを通じて働く農民も都会の人も、その人間としての願いとするところが、遠くへだたるものでないことを発見できるでしょう。そして都市と農村の生活条件のちがいを乗り越え、同じ人間としての共感が、温い心の交流をもたらしてくれるのではないかと思うのです。都市の裏長屋に細々と煙を立てている人々も、岩手の山ふところに炭焼く人々も、その人間としての願い、それは決して相へだたるものではないと信ずるからです。だのに、その共感が今までたち切れていたのは何故だったか。

全国から出されている印刷物はおそらく厖大な数に上るでしょう。しかし今までに、日本の基底をなしている、いわゆる庶民といわれる人々の声が、どれほど活字になってきたでしょうか。特に、ボソボソと炉端で交わされている農民の言葉、また街の工場の片隅や、乏しい夕食を囲みながら交わされている都会の人の言葉――そういうくらしの中の言葉にこそ本音が顔を出しているのに――それらが果して活字にされてきたのだろうか？　それが殆どなされていなかったのではないか。これが都会の人と農民の共感をたち切っていた大きな原因ではなかったでしょうか?!

そこで私はこの本で、満洲時代蛸井さんがよく言った言葉「農民のよろこびや悲しみ、なげき、それは一体何であるか……」を、少しでも正しくお伝えし、いささかでも都会の人と農民の間の空白を埋めたいと念じ、筆をとったのです。

大牟羅良

1909年-1993年
岩手県の山村に十二人兄弟の六番目，五男として生まれ，十七歳で代用教員となる．1938年満州に渡り，協和会中央本部に勤務したが，1944年3月応召，宮古島に送られて終戦．復員後，盛岡市に帰り，四人の子供の父親として生活のために古着の行商人となり，四年間県内の山村を歩いた．1951年2月から20ケ年岩手県国民健康保険団体連合会に勤務，同会発行の雑誌『岩手の保健』を編集，農民の声を活字にして来た．
編書—『戦没農民兵士の手紙』
『あの人は帰ってこなかった』
『荒廃する農村と医療』(以上岩波新書)
『北上山系に生存す』『野良着の声』

ものいわぬ農民　　岩波新書(青版)301

1958年2月17日　第1刷発行
2024年4月15日　第34刷発行

著者　大《おお》牟《む》羅《ら》良《りよう》

発行者　坂本政謙

発行所　株式会社 岩波書店
〒101-8002 東京都千代田区一ツ橋2-5-5
案内 03-5210-4000　営業部 03-5210-4111
https://www.iwanami.co.jp/

新書編集部 03-5210-4054
https://www.iwanami.co.jp/sin/

印刷・精興社　カバー・半七印刷　製本・中永製本

ISBN 978-4-00-415009-1　　Printed in Japan

岩波新書新赤版一〇〇〇点に際して

ひとつの時代が終わったと言われて久しい。だが、その先にいかなる時代を展望するのか、私たちはその輪郭すら描きえていない。二〇世紀から持ち越した課題の多くは、未だ解決の緒を見つけることのできないままであり、二一世紀が新たに招きよせた問題も少なくない。グローバル資本主義の浸透、憎悪の連鎖、暴力の応酬——世界は混沌として深い不安の只中にある。

現代社会においては変化が常態となり、速さと新しさに絶対的な価値が与えられた。消費社会の深化と情報技術の革命は、種々の境界を無くし、人々の生活やコミュニケーションの様式を根底から変容させてきた。ライフスタイルは多様化し、一面では個人の生き方をそれぞれが選びとる時代が始まっている。同時に、新たな格差が生まれ、様々な次元での亀裂や分断が深まっている。社会や歴史に対する意識が揺らぎ、普遍的な理念に対する根本的な懐疑や、現実を変えることへの無力感がひそかに根を張りつつある。そして生きることに誰もが困難を覚える時代が到来している。

しかし、日常生活のそれぞれの場で、自由と民主主義を獲得し実践することを通じて、私たち自身がそうした閉塞を乗り超え、希望の時代の幕開けを告げてゆくことは不可能ではあるまい。そのために、いま求められていること——それは、個と個の間で開かれた対話を積み重ねながら、人間らしく生きることの条件について一人ひとりが粘り強く思考することではないか。その営みの糧となるものが、教養に外ならないと私たちは考える。歴史とは何か、よく生きるとはいかなることか、世界そして人間はどこへ向かうべきなのか——こうした根源的な問いとの格闘が、文化と知の厚みを作り出し、個人と社会を支える基盤としての教養となった。まさにそのような教養への道案内こそ、岩波新書が創刊以来、追求してきたことである。

岩波新書は、日中戦争下の一九三八年一一月に赤版として創刊された。創刊の辞は、道義の精神に則らない日本の行動を憂慮し、批判的精神と良心的行動の欠如を戒めつつ、現代人の現代的教養を刊行の目的とする、と謳っている。以後、青版、黄版、新赤版と装いを改めながら、合計二五〇〇点余りを世に問うてきた。そして、いままた新赤版が一〇〇〇点を迎えたのを機に、人間の理性と良心への信頼を再確認し、それに裏打ちされた文化を培っていく決意を込めて、新しい装丁のもとに再出発したいと思う。一冊一冊から吹き出す新風が一人でも多くの読者の許に届くこと、そして希望ある時代への想像力を豊かにかき立てることを切に願う。

（二〇〇六年四月）

岩波新書より

岩波新書より